BLACKIE BOOKS

Fuera del mapa

Alastair Bonnett nació en Epping, en la periferia de Londres, en 1964. Desde niño sintió un apego especial por su pueblo mientras miraba a la gran ciudad como una fuerza invasora que podría acabar con su encanto. Eso, la relación del individuo con el espacio, ha sido el eje de toda su obra. Ya en la adolescencia, llevaba al día un diario y emborronaba cuadernos con sus primeros poemas, hasta que se decantó por las obras de no ficción relacionadas con su sector profesional. Bonnett es profesor de Geografía Social en la Universidad de Newcastle: compagina su labor como autor académico (si no, lo despiden) con su faceta como autor de libros para el gran público (si no, se aburre). Es autor también de *What is Geography?*, entre otros títulos, y ha firmado artículos en infinidad de revistas, además de editar entre 1994 y 2000 la revista vanguardista de psicogeografía *Transgressions: A Journal of Urban Exploration*. *Fuera del mapa* es su libro más evocador y su obra más elogiada.

ALASTAIR BONNETT

Fuera del mapa

Traducción de Javier Calvo

Título original: *Off the Map: lost spaces, invisible cities, forgotten islands, feral places, and what they tell us about the world*

Diseño de colección: Setanta
www.setanta.es

Calle Església, 4-10
08024 Barcelona
www.blackiebooks.org
info@blackiebooks.org

Maquetación: David Anglès
Impresión: Liberdúplex
Impreso en España

Primera edición en esta colección: julio de 2025
ISBN: 978-84-10323-66-7
Depósito legal: B 3776-2025

Para Helen y Paul

ÍNDICE

3. TIERRAS DE NADIE

4. CIUDADES MUERTAS

5. ESPACIOS DE EXCEPCIÓN

6. ENCLAVES Y NACIONES SECESIONISTAS

INTRODUCCIÓN

La fascinación que nos producen los lugares fuera de lo común es tan antigua como la geografía misma. La *Geografía* de Eratóstenes, escrita hacia el año 200 a. C., ofrece una gira por numerosas ciudades «famosas» y «grandes» ríos, mientras que los diecisiete volúmenes de la *Geografía* de Estrabón, redactados en los primeros años del siglo I d. C. para los administradores imperiales romanos, exhibe también un compendio exhaustivo de viajes, ciudades y destinos. Mi lugar favorito de todos los que describe Estrabón son las minas de oro de la India, que, según nos cuenta, han sido cavadas por hormigas «del tamaño de zorros» que tienen una piel «como la de los leopardos». Pero aunque nuestro apetito de relatos curiosos de tierras lejanas siempre ha existido, hoy en día experimentamos una necesidad distinta de devolverle su magia a la geografía.

Yo sitúo el origen de mi amor por los lugares en Epping. Se trata de una de las muchas ciudades residenciales que hay en las inmediaciones de Londres, bastante agradable pero genérica e indistinguible. Allí nací y crecí. Durante la época en que cogía la línea central del metro para volver traqueteando hacia Epping o bien conducía hasta allí por la autopista orbital de Londres, a menudo tenía la sensación de estar viajando de ninguna parte a ninguna parte. Recorrer unos paisajes que en algún momento debieron de significar algo, pero que se habían visto reducidos a meros espacios de tránsito donde todo era temporal y todo el mundo estaba simplemente de paso, me producía una sensación de desasosiego y un ansia de lugares relevantes.

No hace falta adentrarnos mucho en nuestro congestionado mapa de carreteras para que nos demos cuenta de que, en el último siglo y por todo el mundo, nos hemos vuelto mucho más expertos en destruir lugares que en construirlos. Los títulos de un puñado de libros recientes —como *Real England* ('La Inglaterra real'), de Paul Kingsnorth, *Los no lugares*, de Marc Augé, y *The Geography of Nowhere* ('Geografía de ninguna parte'), de James Kunstler— indican una preocupación emergente. Estos autores reflejan la sensación generalizada de que la sustitución de lugares únicos e individuales por paisajes insulsos y genéricos está cortando nuestros lazos con algo importante. Uno de los pensadores más eminentes sobre el concepto de lugar, Edward Casey, profesor de filosofía en la Universidad Stony Brook de Nueva York, afirma que «la invasión de lugares idénticos e indistintos a escala global» está erosionando nuestro sentido del yo y «hace que el sujeto humano eche de menos la diversidad de lugares». Casey contempla con escepticismo el abandono por parte de los intelectuales de la reflexión sobre el lugar. En el pensamiento antiguo y medieval, este ocupaba a menudo el centro del escenario; era la base y el contexto para todo lo demás. Aristóteles pensaba que el lugar debía «preceder al resto de las cosas» porque era lo que confería un orden al mundo. Casey nos cuenta que Aristóteles aseguraba que el lugar «otorga copiosa tutela —apoyo protector activo— a aquello que ubica». Sin embargo, las pretensiones universalistas de las religiones monoteístas primero y de la Ilustración después conspiraron para representar el lugar como algo provinciano, como una prosaica nota al pie dentro de sus grandiosas pero abstractas visiones de unidad global. La mayoría de los intelectuales y científicos modernos no tienen apenas interés en el lugar, puesto que consideran que sus teorías pueden aplicarse en todas partes. El lugar se ha visto degradado y desplazado, un proceso al que ha contribuido también el ascenso de su ligeramente pomposo y adecuadamente abstracto rival geográfico: la idea de «espacio». Este suena mucho más moderno que el lugar: evoca movilidad y ausencia de restricciones; promete paisajes vacíos y llenos de posibilidades. Cuando las sociedades modernas han tenido que afrontar lo llenos, excéntricos y ajetreados que están los lugares, su reacción ha sido enderezar y racionalizar, priorizar las conexiones y eliminar los obstáculos, a fin de imponer el espacio sobre el lugar.

En su crónica filosófica *The Fate of Place* ('El destino del lugar'), Casey registra un «desdén creciente hacia el *genius loci*: una indiferencia hacia la especificidad de los lugares». Todos pagamos las consecuencias. A menudo podemos verlas desde nuestra ventana. En un mundo hipermóvil como el nuestro, el amor al lugar puede fácilmente considerarse como algo anticuado e incluso reaccionario. Cuando la felicidad humana se mide en millas aéreas y hasta los geógrafos se apuntan a la idea, expresada por el profesor William J. Mitchell, del MIT, de que «las comunidades encuentran cada vez más sus intereses comunes en el ciberespacio antes que en tierra firme», la voluntad de pensar en el lugar puede resultar incluso un poco perversa. Y, sin embargo, el hecho de que los lugares sean indistinguibles no resulta satisfactorio a nivel intelectual ni emocional. El neologismo *utopía*, inventado por Tomás Moro, puede traducirse por 'no lugar', pero un mundo sin lugares es una imagen distópica.

El lugar es un aspecto proteico y fundamental de la condición humana. Somos una especie que construye lugares y los ama. El célebre biólogo evolutivo Edward O. Wilson denomina *biofilia* al amor innato y biológicamente necesario que tienen los seres humanos a las cosas vivas. Wilson sugiere que la biofilia nos conecta a todos como especie y al mismo tiempo nos vincula con el resto de la naturaleza. Yo afirmaría que existe un equivalente geográfico, injustamente ignorado pero igual de importante: la «topofilia» o amor al lugar. La palabra la acuñó el geógrafo chinoestadounidense Yi-Fu Tuan, más o menos al mismo tiempo que Wilson introducía el concepto de biofilia, y su impulso ocupa el centro de este libro.

Hay otro tema que engarza todos los lugares que he reunido en la presente obra: la necesidad de escapar. Se trata de un deseo más extendido hoy que en cualquier otro momento de la historia: como no paran de ponernos delante de nuestras narices fantásticos estilos de vida y fabulosos destinos de vacaciones, no es de extrañar que haya tanta gente insatisfecha con su rutina diaria. El ascenso de la uniformidad, sumado a la sensación de que hasta el último rincón del mundo ya se conoce y ha sido explorado, ha radicalizado bastante esta insatisfacción y ha creado el apetito de encontrar lugares que estén fuera del mapa y que sean de alguna forma secretos o al menos tengan la capacidad de sorprendernos.

Cuando Herman Melville describe en *Moby Dick* la aldea del amigo y aliado nativo de Ismael, Queequeg, nos dice lo siguiente: «No figura en ningún mapa; es lo que siempre pasa con los lugares de verdad». Se trata de una afirmación extraña, pero que tiene una lógica inmediata e instintiva. Refleja una sospecha que subyace a la superficie racional de la civilización. Cuando el mundo ya ha sido completamente codificado y ordenado, cuando ya se han limpiado todas las ambivalencias y las ambigüedades, y sabemos con precisión y objetividad dónde está todo y cómo se llama, nace una sensación de pérdida. La afirmación de que todo está completo nos lleva a lamentar la pérdida de la posibilidad de explorar, y a cavilar de forma incesante sobre la esperanza, tanto de algo nuevo como de una escapatoria. Es dentro de este contexto donde los lugares descartados y sin nombre —tanto los lejanos como aquellos que cruzamos a diario— adoptan un aura romántica. En un mundo completamente descubierto, la exploración no se detiene; simplemente, hay que reinventarla.

A principios de los años noventa me involucré en una de las formas más extravagantes de esta reinvención, lo que se conoce como *psicogeografía*. La mayor parte del tiempo esto consistió o bien en caminar sin rumbo en busca de lo que algunos de mis camaradas imaginaban con ilusión que eran energías ocultas, o bien en perderme a propósito usando el mapa de un sitio para orientarme por otro distinto. Deambular en pleno día por un centro de atención sanitaria en Gasteshead con un mapa del metro de Berlín en las manos resulta genuinamente desorientador. Al hacer estas cosas, creíamos ser muy osados pero, visto con la distancia que da el tiempo, lo que me llama la atención de aquel anhelo de redescubrir radicalmente el paisaje que nos rodea es lo cotidiano que resulta. La necesidad de devolver su encanto a las cosas es algo que compartimos todos.

Así pues, vayamos de viaje: a los confines de la tierra y al otro lado de la calle, tan lejos como haga falta para distanciarnos de lo familiar y de la rutina. Sean buenos o malos, temibles o maravillosos, necesitamos lugares rebeldes que desafíen las expectativas. Si no podemos encontrarlos, los crearemos. Nuestra topofilia jamás podrá extinguirse o saciarse.

Nuestro destino es el territorio inexplorado, esos lugares que suelen figurar en muy pocos mapas y a veces en ninguno. Son lugares al mismo tiempo extraordinarios y reales. Este es un libro de islas flotantes, de ciudades muertas y de reinos escondidos. Empezaremos con territorio en estado bruto, explorando lugares perdidos que se han encontrado o desvelado por accidente, antes de dirigirnos a otros diseñados de forma más consciente. No será un recorrido fácil, dado que casi todos los lugares que encontraremos son paradójicos y difíciles de definir, pero sí que nos permitirá hallar un mundo abundante en sorpresas. Tal como descubriremos enseguida, eso no quiere decir que vayamos a encontrarnos un planeta color de rosa y lleno de islas de felicidad. La auténtica topofilia no puede saciarse con una dieta de aldeas soleadas. A menudo los lugares más fascinantes son también los más inquietantes, engañosos y atroces. También suelen ser transitorios. En cuestión de diez años, la mayoría de los lugares que vamos a explorar habrán cambiado de manera considerable; muchos ya no existirán. Pero igual que la biofilia no se ve mitigada por el hecho de que a menudo la naturaleza es horrible y toda vida es transitoria, la genuina topofilia sabe que nuestro vínculo con el lugar no consiste en encontrar el equivalente geográfico de los gatitos y los cachorritos. Se trata de un amor feroz, de un embrujo oscuro que llega muy adentro y exige toda nuestra atención.

Los cuarenta y ocho lugares que componen este libro están aquí porque cada uno de ellos, a su manera distinta y propia, me obligó a repensar lo que sabía sobre la noción de lugar. No se han elegido por ser meramente extravagantes ni espectaculares, sino porque poseen el poder de provocar y desorientar. Aunque van de los proyectos más exóticos y grandiosos a las esquinas más humildes de mi ciudad natal, todos son igualmente capaces de estimular y reformular nuestra imaginación geográfica. Juntos conspiran para que el mundo parezca un lugar más extraño, donde los descubrimientos y las aventuras siguen siendo posibles, tanto cerca como lejos.

Nota: Allí donde ha sido posible he añadido las coordenadas de Google Earth correspondientes al centro o ubicación aproximados de cada lugar. Estas coordenadas son coherentes entre sí pero no se puede decir que sean exactas, en parte porque cambian cada vez que Google Earth se actualiza. No ofrezco coordenadas de lugares históricos o que estén en movimiento.

1

ESPACIOS PERDIDOS

SANDY ISLAND

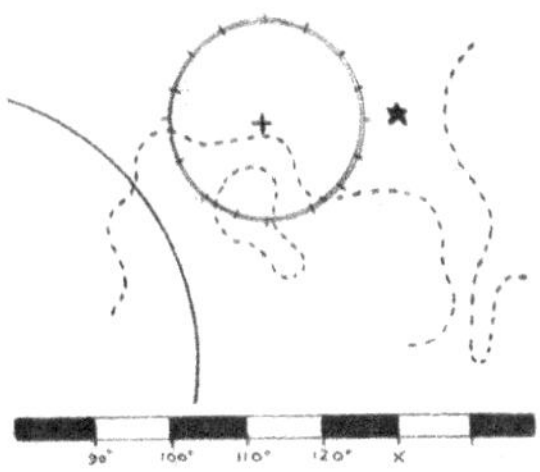

19° 12′ 44″ S; 159° 56′ 21″ E

Debido a que la identidad humana está entretejida con el lugar, nos desconciertan los sitios que desaparecen, que van y vienen. Los lugares perdidos sugieren historias ocultas y futuros alternativos. Algunos se han suprimido conscientemente (Leningrado, la antigua Meca), pero otros simplemente se han esfumado, abandonados y reclamados por la naturaleza (Arne, *Paisaje de tiempo*), para volver a emerger en ocasiones, cambiados en lo fundamental (New Moore, el desierto de Aralkum). Sin embargo, hay otros, como Sandy Island, que están perdidos porque nunca existieron.

El descubrimiento de lugares que en realidad no existen es una ramificación sorprendente de la historia de las exploraciones. El ejemplo más reciente se dio en 2012, cuando una embarcación hidrográfica australiana se dirigió a Sandy Island, a unos mil cien kilómetros al este de Queensland, y descubrió que no estaba allí. Y eso que en aquel punto del mapa había figurado un óvalo alargado de unos veinticinco kilómetros de largo y unos cinco de ancho prácticamente desde que empezaron a cartografiarse aquellos mares.

El primero en divisar allí olas rompientes e isletas de arena fue el buque ballenero *Velocity* en 1876. Unos años después, se mencionaba Sandy Island en un directorio naval australiano. En 1908 su inclusión en una carta de navegación del Almirantazgo Británico le concedió todavía más legitimidad. En aquella carta, sin embargo, aparecía rodeada de una línea de puntos, señal de que había sido identificada como un riesgo potencial y necesitaba una exploración más profunda. Cuatro años antes, en 1904, el *New York Times* publicaba la crónica del crucero estadounidense *USS Tacoma*, enviado para verificar «cientos de espejismos que constaban en los mapas como tierra firme» dentro del llamado «Grupo Americano», una cadena de islas supuestamente ubicadas entre Estados Unidos y Hawái. La existencia de dichas islas venía apoyada por el capitán John DeGreaves, «asesor científico» del rey Kamehameha de Hawái, quien afirmaba que había celebrado un picnic en una de ellas en compañía de Lola Montes, la famosa «bailarina española» y amante del rey Luis I de Baviera.

Por desgracia, tanto las islas como el picnic resultaron ser una simple fantasía del capitán. El reportaje del *New York Times* contaba por qué, cuentos chinos aparte, los océanos seguían salpicados de errores cartográficos. La presencia de «manchas oscuras alargadas o bien luminosas y amarillentas, que de lejos le dan al marinero la impresión de ser escollos», «unas aguas revueltas que se confunden con el romper de las olas» o incluso el lomo de una ballena flotando pueden bastar para iniciar una leyenda. En las zonas más solitarias del mar, continuaba el *New York Times*, donde escasea la información y por tanto casi nunca se confirma ni se refuta nada, la evidencia más nimia «perdurará durante bastante tiempo en el mapa con las embarazosas iniciales E. D. al lado, es decir, "Existencia Dudosa"».

Debido a que los marineros anhelan encontrar tierra, a menudo se han aferrado a las señales más tenues. Así que, en vez de ponerse en duda, las credenciales de Sandy Island se convirtieron cada vez más en indiscutibles. Después de su registro en una carta naval investida de autoridad, adquirió el estatus de dato establecido, y su mito se transmitió hasta bien entrado el siglo XX, y todavía más allá. Fue incluida en mapas producidos por la National Geographic Society y por el *Times* y nadie se quejó, ni siquiera se fijó en ello.

También la captaron supuestamente los satélites que muchos imaginan que son las únicas fuentes de imágenes para Google Earth. La doctora Maria Seton, directora de la expedición hidrográfica australiana, explicó a los periodistas que aunque la isla figuraba en Google Earth y en otros mapas, las cartas de navegación mostraban que en aquel punto el agua tenía 1.400 metros de profundidad: «Así que nos dirigimos hasta allí para comprobarlo y no había ninguna isla. Estamos desconcertados. Es muy extraño».

El 26 de noviembre de 2012, Google Earth eliminó Sandy Island y más tarde rellenó el mismo punto del mapa con imágenes genéricas del mar. En la actualidad, el lugar de Google Earth donde antes se encontraba Sandy Island está lleno de decenas de fotos subidas por los exploradores de mapas. Incapaces de resistirse a las posibilidades creativas del caso, han llenado la antigua isla de imágenes de dinosaurios peleando, sombríos callejones urbanos y templos de fantasía.

La historia de la desaparición de Sandy Island fue un pequeño escándalo global. Si Sandy Island no existía, ¿cómo podíamos estar seguros de que otros lugares sí? La eliminación repentina de Sandy Island nos obliga a ser conscientes de que nuestra visión del mundo todavía se apoya a veces en informes sin verificar de lugares lejanos. Los mapas modernos afirman que nos dan un acceso fácil a una visión «divina», exhaustiva y panóptica del mundo. Pero resulta que las empresas como Google Earth no usan solamente fotografías por satélite. También se apoyan en un conglomerado de fuentes que incluye mapas anticuados.

Ya antes de 2012 había gente que sabía que Sandy Island no estaba a la altura de su nombre de «isla». Para empezar se encuentra en las aguas terrestres que se extienden varios cientos de kilómetros alrededor de la «colectividad especial» francesa de Nueva Caledonia. Pero hace décadas que la *Île de Sable* se esfumó en silencio de los mapas franceses, y tampoco aparece en una carta hidrográfica oficial francesa trazada en 1982. Un mapa de la zona producido en la URSS en 1967 tampoco la incluye. Lo que está claro es que no todo el mundo usa las mismas fuentes. Esto no quiere decir que los franceses o los soviéticos hayan estado todo este tiempo mejor informados que el resto del mundo. El mapamundi Michelin de 2010 incluye la *Île de Sable*, y la noticia de su inexistencia cogió tan de sorpresa al público francés como al del resto del mundo. Tras el «des-descubrimiento» australiano de Sandy Island, *Le Figaro* anunció el 3 de diciembre de 2012 que «*Le mystère de l'île fantôme est résolu*».

Pero no estamos ante un simple caso técnico de datos geográficos discordantes. ¿Por qué iba a importarle a nadie que finalmente no exista una franja de arena situada a miles de kilómetros de cualquier parte, un lugar del que casi nadie oyó hablar jamás?

Pues importa porque hoy en día, aunque vivamos en el supuesto de que el mundo es plenamente visible y del todo conocido, también queremos y necesitamos lugares que permitan deambular sin impedimentos a nuestra mente. Los lugares ocultos y fuera de lo común son refugios para la imaginación geográfica; reductos contra ese mapa cada vez más omnisciente, aunque no del todo, que se ha ido construyendo durante los últimos doscientos años. La inclusión en 1908 de Sandy Island en una carta de navegación del Almirantazgo fue un error de lo más torpe, una equivocación nada digna de su época. En vez de diseminar islas fabulosas por todo el globo, los poderes navales del siglo XIX y de principios del XX se dedicaron a rastrear de forma implacable todos esos rumores para confirmarlos o bien desmentirlos. Por ejemplo, la Carta del Almirantazgo del Pacífico de 1875 descartó 123 islas que no eran reales. El artículo de 1904 del *New York Times* confirmó la inexistencia de un puñado de islas situadas al sur de Tasmania que recibían el nombre de Royal Company Islands. Después de que se mandaran embarcaciones a investigar la zona, aquellas islas, como tantas otras antes, se eliminaron del mapa. Los barcos estadounidenses aportaron así su granito de arena a la modernidad: eliminar las dudas, alcanzar el conocimiento panóptico. Y, sin embargo, la misma modernidad también nos suministra la conciencia capaz de cuestionarse y dudar de sí misma que nos permite entender que en esa empresa perdemos algo. Tal como sugiere el puñado de extravagantes y fantásticas fotografías que hoy ocupan el lugar de Sandy Island en Google Earth, su desaparición la consolidó como base rebelde de la imaginación, elemento inocente y a la vez advenedizo que se las había apañado para eludir las gigantescas tecnologías del omniconocimiento.

La historia de Sandy Island podría sugerir la necesidad de un registro de islas «des-descubiertas», lugares que antaño se pensó que eran reales pero que después resultó que no. Sin embargo, ese mercado ya está saturado. Desde títulos antiguos como *Legendary Islands of the Atlantic* ('Islas legendarias del Atlántico', 1922), de William Babcock, hasta estudios más recientes como *Lost Islands: The Story of Islands That Have Vanished from Nautical Charts* ('Islas perdidas: Crónica de las islas que han desaparecido de las cartas de navegación'), de Henry Stommel, y *Vanished Islands and Hidden Continents of the Pacific* ('Islas perdidas y continentes ocultos del Pacífico'), de Patrick Nunn, disponemos de un extenso catálogo de islas inexistentes del mundo. Algunos son estudios centrados en errores de los marineros, que parecen ser bastante frecuentes. Otros, como el de Patrick Nunn, combinan lo legendario con lo científico. Nunn se centra en las leyendas indígenas de islas perdidas que circulan por muchas comunidades de islas del Pacífico y en cómo estas encajan en la historia medioambiental de la zona y le dan forma. Resulta que, a veces, la existencia de «islas legendarias» puede explicarse gracias a alteraciones del nivel del mar o a la actividad sísmica. Los antiguos cambios topográficos quedan registrados en los mitos y el folclore locales. El mismo vínculo se ha creado en otras partes del mundo: el caso más famoso es la leyenda de la Atlántida.

El interés por los lugares fantasma como Sandy Island está creciendo. En parte se debe a que hoy en día los «des-descubrimientos» son escasos: es poco probable que se vayan a «des-encontrar» muchas más islas de cualquier tamaño. Aun así, en el mundo sigue habiendo muchos fenómenos cambiantes y potencialmente cuestionables que continuarán trastornando nuestras certidumbres geográficas, entre ellos «datos» cartográficos como las formas de los países, las fronteras, las montañas y los ríos. La verdad es que queremos un mundo que no sea del todo conocido y que conserve la capacidad de sorprendernos. A medida que nuestras fuentes de información mejoran y se vuelven más completas, crece también la necesidad de crear y conjurar nuevos lugares que estén desafiantemente fuera del mapa.

LENINGRADO

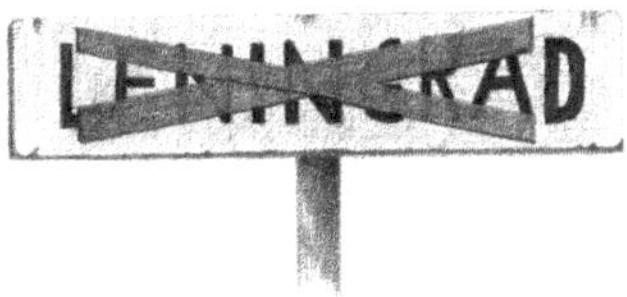

San Petersburgo no era un lugar olvidado cuando se rebautizó como Leningrado en 1924. Diez años antes ya le habían cambiado el nombre por Petrogrado, que sonaba más ruso. Sin embargo, uno de sus hijos, el poeta Joseph Brodsky, pensaba que nunca dejaría de ser San Petersburgo. En su ensayo de 1979 «Guía para una ciudad rebautizada», observaba que sus ciudadanos seguían llamando a la ciudad «Peter» y aseguraba que «el espíritu de Peter sigue siendo mucho más palpable que el ambiente de la nueva época». Doce años más tarde, la ciudad volvería a ser San Petersburgo. Y sin embargo, Leningrado se niega a marcharse en silencio. Puede que la hayan quitado del mapa, pero eso no quiere decir que haya desaparecido.

En *La ciudad y la ciudad*, la alegoría de China Miéville sobre dos urbes antagónicas que cohabitan literalmente en el mismo espacio, sus habitantes permanecen culturalmente puros a base de «no-verse» los unos a los otros y de «no-ver» la otra ciudad. Pero la tentación de mirar es poderosa, se ceba en sus mentes y domina sus pasos. Lo mismo puede decirse de los lugares reemplazados y rebautizados; se las apañan para resultar al mismo tiempo fantasmales y atractivos. Es sorprendente que no nos hayamos hartado ya de tantos cambios de identidad. Durante sus dos milenios de existencia, la antigua ciudad búlgara de Plovdiv ha vivido ya doce. En el siglo XX rebautizar los lugares se convirtió en un talismán del progreso. Se cambiaba el nombre de todo, de aldeas a países, un acto en apariencia simple pero que a menudo tenía consecuencias profundas para sus habitantes. Algunos de estos cambios implicaban imponer una nueva identidad étnico-nacional a un lugar antiguo. Cuando el Imperio otomano se convirtió en Turquía en 1923 y Siam en Tailandia en 1939, unas categorías que hasta entonces habían sido multiétnicas e imprecisas se convirtieron en otras étnicamente excluyentes. De la noche a la mañana, los ciudadanos que no eran de etnia turca o tailandesa perdieron su patria; se volvieron anómalos y, por consiguiente, muy vulnerables.

Tanto los nacionalistas tailandeses como los turcos afirmaron que a Siam y al Imperio otomano les había llegado el momento de cambiar de nombre. El Imperio otomano estaba difunto y «Siam» proviene, al parecer, de un antiguo nombre en hindi de la región. Ni la etnia turca ni la tailandesa vieron razón alguna para conservar los viejos toponímos, en parte porque ellas eran las vencedoras de lo que de cara al mundo parecían ser sendos procesos de indigenización. Pero las cosas casi nunca son tan sencillas. El cambio de «Esmirna» por «İzmir» en 1930 supuso la expulsión de la población griega y su renacimiento como ciudad de etnia turca. La desaparición total en 1946 de Prusia Oriental y su conversión en el este de Polonia y el enclave soviético de Kaliningrado fue también un acto de venganza y de limpieza étnica. Durante siglos aquel enclave oriental de Prusia había sido predominantemente germano. Pocos años después, los alemanes habían desaparecido de allí, obligados a huir hacia el oeste por el avance del Ejército Rojo o bien expulsados por Stalin. Y, sin embargo, lo que Max Egremont llama «el pasado susurrante» de Prusia sigue volviendo. Continuamente se redactan y archivan planes para devolverle a la ciudad principal del enclave su nombre alemán, Königsberg, que no sugiere tropas soviéticas, sino filósofos, monasterios y castillos.

Aunque el pasado comunista de San Petersburgo es denostado

de forma generalizada, se niega a morir del todo. Hay algo demasiado importante enterrado allí: luchas cotidianas y dramas extraordinarios. La historia de Leningrado hace que la de San Petersburgo parezca superficial. Esta última fue una ciudad imperial que Pedro el Grande construyó en el siglo XVIII en la costa báltica y a la que le dio un nombre extranjero de resonancias holandesas, Sankt-Petersburgh. La ciudad miraba a Europa, al futuro y a la alta cultura, y daba la espalda a Rusia y a su imperturbable campesinado. El novelista nacido en Leningrado Mijaíl Kuraev se ha quejado de que su ciudad fuera desplazada por un rival más antiguo pero extranjero, y ha usado las páginas de una revista literaria rusa para afirmar que «hace trescientos años el nombre *Sankt Petersburg* sonaba a oídos rusos igual que hoy en día lo hacen *Tampax, Snickers, Bounty* y *marketing*». Kuraev considera que San Petersburgo es una «inmigrante interior en su propia patria», mientras que Leningrado es de verdad rusa.

Leningrado se ganó un lugar en la memoria rusa: fue bañada con sangre de patriotas y revolucionarios. Allí se resistió novecientos días de asedio durante la segunda guerra mundial, una población famélica defendió su ciudad y luego la reconstruyó con los escombros. Stalin le concedió a Leningrado, a modo de premio, el estatus de «ciudad heroica». Incluso los nazis que la asediaron se quedaron impresionados, y no solamente por la sombría determinación de sus habitantes. A pesar de sus credenciales revolucionarias, Leningrado también fue un centro de pensamiento alternativo. El «caso Leningrado» de finales de los años cuarenta y principios de los cincuenta acabó con muchos líderes de los partidos locales ahorcados o bien desterrados, en un intento por parte de Moscú de arrancar de raíz el antiestalinismo.

Resulta adecuado que una exiliada rusa nacida en Leningrado, Svetlana Boym, de la Universidad de Harvard, se haya convertido en experta en nostalgia. En su obra *The Future of Nostalgia* (*El futuro de la nostalgia*) ofrece un retrato complejo y empático de las muchas formas en que «continúa la rivalidad entre las ciudades de Leningrado y San Petersburgo». Boym se siente especialmente atraída por el lado bohemio de Leningrado, que se reflejaba en los cafés de la ciudad, y sugiere que sigue viva como una especie de segunda ciudad o urbe alternativa, que no recuerda toda una serie de «posibilidades» críticas «que todavía no se han materializado». Nos ofrece un

WELLCOME TO
~~ST.PETERSBURG~~
~~LENINGRAD~~
ST.PETERSBURG

mensaje optimista sobre todos esos recuerdos ahogados, envasándolos en forma de recursos para una ciudad más liberal.

Pero yo sospecho que convertir la ciudad usurpada en un mero subtexto bohemio que sigue discurriendo por debajo de su rival no es más que otra forma de olvido. Parece que hay mucha gente en San Petersburgo cuya pena por la desaparición de Leningrado apenas tiene nada que ver con esa identidad política minoritaria. Lo que echan de menos es la clara sensación de orden, la extensa red de seguridad social, el respeto a los ancianos, el ritmo más pausado, la dignidad y el valor. También puede ser la acumulación de apegos personales lo que mantiene vivo Leningrado. A fin de cuentas, cuando fue abolida en 1991, Leningrado llevaba existiendo ya sesenta y siete años.

Puede que Leningrado nunca llegara a convertirse en esa ciudad inconformista que un día la gente soñó en sus cafés alternativos, pero sí fue el escenario de largos años de vida cotidiana y de un sacrificio enorme. Por comparación, el San Petersburgo actual parece estar viviendo lo que el poeta nacido en Leningrado Aleksandr Skidan llama «una museificación a cielo abierto». Al acabar con Leningrado, se ha impartido cierta justicia a las víctimas del comunismo soviético. Sin embargo, el mismo gesto borra también a esas víctimas, junto con una miríada de recuerdos cotidianos.

Leningrado se resiste a desaparecer. La primera estatua de Lenin del mundo sigue en pie en la plaza Lenin, aunque hace unos años unos vándalos le abrieron un agujero en el trasero con dinamita. Otra de las estatuas de Lenin que hay en la ciudad casi resultó partida en dos en 2010, al explotarle otra bomba. Pero, en vez de terminar de demoler esas estatuas, lo que se hizo fue repararlas. Los ciudadanos más sabios son conscientes de que San Petersburgo también es Leningrado, que ambas ciudades tienen que encontrar la forma de convivir. Lo que Leningrado necesita no es amor, ni siquiera respeto, sino reconocimiento. Igual que otros muchos sitios rebautizados del mundo, la antigua identidad de la ciudad resulta más problemática pero también más interesante, y a veces más viva, que su sustituta.

ARNE

50° 41' 39" N; 2° 02' 29" O

Arne es un ejemplo de lugar sacrificado. Esta aldea, situada en una pequeña península que se asoma al Canal de la Mancha, fue evacuada en 1942. Cerca de la aldea se construyó una fábrica-señuelo diseñada para atraer a los bombarderos alemanes y hacerles soltar su carga antes de llegar a la Royal Naval Cordite Factory, un enorme complejo de fábricas de munición ubicado unos kilómetros al norte de Holton Heath.

Durante la guerra fue muy frecuente en Inglaterra el uso de señuelos para atraer a las bombas. Los había mucho más elaborados que Arne, dado que alejar a los bombarderos de las ciudades requería instalaciones complejas. Después de un ataque aéreo a Coventry en noviembre de 1940 empezó a construirse en las afueras de la mayoría de las grandes zonas urbanas una serie de enormes señuelos denominados «Estrella de Mar», cuyo propósito era engañar a los pilotos y hacerles creer que estaban sobrevolando una ciudad en llamas. En enero de 1943 ya se habían construido más de doscientas instalaciones Estrella de Mar. Al principio de la guerra requerían para su funcionamiento toneladas de material combustible de cualquier tipo, pero a medida que el conflicto evolucionaba, los señuelos se hicieron más sofisticados. Se usaban tanques de acero, artesas y tuberías, y el combustible se vertía, se rociaba o se derramaba en pequeñas cantidades a intervalos regulares: toda una sinfonía pirotécnica orquestada desde un búnker de control. Los artefactos más luminosos se denominaban «Fuegos de Caldera» y cada cierto tiempo vertían el petróleo de un tanque de almacenaje en una bandeja de acero recalentada, donde se evaporaba. A continuación se echaba agua en la bandeja y se producían unos destellos gigantescos de llamaradas incandescentes que alcanzaban los doce o quince metros de altura. La instalación Estrella de Mar típica contenía catorce Fuegos de Caldera y quemaba unas veinticinco toneladas de combustible cada cuatro horas.

Las Estrellas de Mar fueron un gran éxito y en junio de 1944 los señuelos de instalaciones ya habían recibido 730 ataques. Aunque las ciudades británicas recibieron fuertes bombardeos, el hecho de que no quedaran borradas del mapa da fe de la labor de estos señuelos. Al atraer hacia sí los potentes explosivos y las bombas incendiarias, lograron salvar las vidas de miles de personas. Hoy en día perduran unos cuantos búnkeres de control, pero las instalaciones señuelo en sí han desaparecido, devoradas por el paisaje circundante.

El señuelo de Arne consistía en una red de bidones de alquitrán y tuberías llenas de parafina, que podían encenderse para que desde el aire parecieran edificios en llamas. La estrategia funcionó. Mientras que sobre Arne cayeron centenares de bombas, la fábrica de Holton Heath escapó casi intacta.

Hoy Arne es un lugar plácido y hermoso. Después de la guerra la aldea quedó abandonada de manera permanente y se mantuvo en ruinas hasta finales de los años cincuenta. En 1966 la Sociedad Real para la Protección de las Aves ocupó el lugar y reformó los edificios que quedaban en pie, entre ellos una iglesia del siglo XIII y una antigua escuela victoriana. La aldea desierta forma parte ahora de un parque natural que ocupa la mayor parte de la península. Los cráteres de las bombas se han convertido en refugios de vida silvestre y los emplazamientos de las baterías aéreas están invadidos por la maleza. En el aparcamiento se agolpan ejércitos de aficionados a la observación de aves vestidos de verde y con sus miras telescópicas al hombro, en busca de las especies locales más infrecuentes, como la diminuta curruca rabilarga.

Puede que el paisaje militar haya sido tragado por la naturaleza, pero no ha sido digerido: resulta inquietante que un paisaje tan plácido cubra otro tan violento. El páramo arenoso y cubierto de flores que domina Arne ha sido «preservado» y «protegido», pero la sensación de abandono permanece y perturba la seguridad y la comodidad que sugieren esas etiquetas. El recuerdo de una violencia y una pérdida desesperadas ha sido ocultado por una serie de asociaciones nuevas, pero ese proceso también le ha dado al Arne de hoy en día un aspecto frágil y transitorio.

Arne es una de las doscientas cincuenta aldeas abandonadas que hay en Dorset. Algunas son poco más que protuberancias medievales que surgen del suelo, pero otras son más recientes. El ejemplo más famoso del siglo XX es Tyneham, una aldea de la costa de Arne que fue evacuada en 1943 para que el ejército pudiera hacer prácticas allí con munición real. En las jornadas que precedieron al Día D, gran parte de aquella costa fue destinada a campos de prácticas debido a su parecido con las costas de Normandía. En la puerta de la iglesia de Tyneham se puso un cartel: HEMOS RENUNCIADO A NUESTROS HOGARES, DONDE MUCHOS VIVIMOS DURANTE GENERACIONES, PARA AYUDAR A GANAR ESTA GUERRA POR LA LIBERTAD DE LA HUMANIDAD. UN DÍA REGRESAREMOS Y OS DAREMOS LAS GRACIAS POR HABER TRATADO NUESTRO PUEBLO CON AMABILIDAD. Pero los lugareños no volvieron nunca. Hoy Tyneham es una colección de casas de piedra en ruinas que sigue estando dentro de un campo de prácticas de artillería y que, al igual que una buena parte de esta zona de Dorset, sigue bajo el control del ejército británico.

Una prospección arqueológica reciente concluyó que el señuelo de Arne «ha sido dedicado a uso agrícola y no sobrevive ninguno de sus elementos». Yo mismo me pasé varias horas peinando los campos, bosques y cañaverales del lugar donde se dice que estaba el señuelo y no encontré gran cosa, al menos gran cosa que yo entendiera. Aparte de unos cuantos cráteres de bombas de considerable tamaño y dos pares de cancelas militares, arrancadas de sus goznes e invadidas por las enredaderas, vi poco más que algunos listones

grandes, montones de madera muy podrida y teñida de verde, y un pigmento anaranjado y enfermizo sobre los montones de hojas descompuestas. No estoy seguro de por qué imaginaba que mi búsqueda de aficionado daría con algo más emocionante cuando los arqueólogos ya habían desestimado encontrar nada allí. Me atraía la idea de que algo que había ardido con tanto resplandor y peligro hubiera dejado más que una simple mancha. Sin embargo, lo único que puedo afirmar que encontré es un vestigio incierto y silencioso. Mi presencia asustó a unos cuervos, que salieron disparados hacia el pantano vecino. Allí no había estado nadie en mucho tiempo. Arne es un escenario de dramatismo perdido y quietud desconcertante. Su pasado de fuegos, bombas y evacuaciones le concede un filo inquietante a su actual calma. Salí del bosque y enfilé una calzada estrecha que iba por entre los cañaverales hasta una isleta rocosa cubierta de tojos. Hacía un día cálido y soleado y yo podía haberme tumbado en el suelo y rendido al canto de los pájaros, pero Arne me había desorientado y me había puesto nervioso.

LA ANTIGUA MECA

A lo largo de las dos últimas décadas se ha demolido el 95 % de la antigua ciudad de La Meca. En su lugar se ha construido una red de avenidas, aparcamientos, hoteles y centros comerciales. Hasta el antiguo nombre ha sido remodelado: ahora los saudíes prefieren llamarla «Makkah».

El perfil actual de la ciudad lo domina el enorme hotel Torre del Reloj de La Meca, un gigantesco Big Ben de estilo soviético que se eleva por encima de los lugares más sagrados del islam, la Kaaba y la Gran Mezquita. La ingenua torpeza de este acto de profanación se refleja, aunque involuntariamente, en la página web del hotel: «El hotel Torre del Reloj Fairmont de La Meca constituye, con modestia y respeto, el segundo elemento más distintivo de la ciudad, con un reloj espectacular que puede verse a diecisiete kilómetros de distancia».

El boom de la construcción en La Meca obedece a la necesidad de suministrar servicios a los más de tres millones de peregrinos que la visitan cada año, pero también a la brutalidad de la iconoclastia saudí. Durante muchos siglos el islam ha prohibido la representación de imágenes de seres humanos o animales, pero los puritanos del reino saudí se han aliado con los promotores inmobiliarios para imponer una estrategia mucho más ambiciosa que amenaza todos los edificios y monumentos antiguos.

Tal y como muchas ciudades siguen descubriendo, barrer el pasado priva al mundo de algo más que de un puñado de paisajes hermosos y singulares. También se eliminan los recuerdos, las historias y las conexiones que unen a la gente, tanto socialmente como a nivel individual. La transformación de una serie de lugares complejos y diversos en otros simples y superficiales tiene como resultado una población más vulnerable culturalmente, una masa desarraigada cuyo único vínculo de cohesión es la ideología que se les impone desde arriba.

Este proceso lo entendieron a la perfección los regímenes comunistas, que también emprendieron en el pasado demoliciones en masa. En *The Destruction of Memory* ('La destrucción de la memoria'), un libro de gran profundidad sobre la estrategia política de las reconstrucciones urbanas, Robert Bevan hace una crónica del deseo casi fetichista de derribar lugares que acompañó a la creación y el mantenimiento del comunismo estatal. Explica, por ejemplo, cómo fracasaron los intentos de «convencer a Mao de que la nueva Pekín tenía que construirse al lado de la antigua ciudad sagrada» y señala que, para el líder comunista, moldear a la gente a su voluntad era algo que exigía la muerte de la ciudad antigua. La «erradicación del pasado era una consideración igual de importante que la creación de lo nuevo».

Para las ideologías puritanas, ya sean políticas o religiosas, el pasado asume un aire subversivo y rebelde. Las fotografías antiguas de La Meca muestran una ciudad laberíntica, una red de patios, mezquitas y callejones apiñados en las lomas, de todos los periodos e influencias. Hoy en día lo poco que queda de ese pasado tan complejo sobrevive por pura suerte o bien porque es demasiado ilustre para derribarlo. Hasta el templo más importante del islam, la Gran Mezquita, ha sufrido ataques. La hostilidad saudí hacia los edificios antiguos está teñida de sectarismo y tiene en su punto de mira cualquier evidencia física de que en la ciudad solía practicarse el islam

de otras formas. La larga presencia del califato abasí y del posterior califato e Imperio otomanos han sido purgadas casi por completo y, en los últimos años, se han demolido los antiguos sectores abasí y otomano que había al este de la Gran Mezquita.

Haciendo gala del mismo talento involuntario para la paradoja, la página web del hotel Torre del Reloj de La Meca señala el puñado de edificios que sobrevivieron a la destrucción causada por la erección del propio hotel como destinos «imprescindibles» para el turista. Así pues, se anima a visitar el Qasr as-Saqqaf, calificado de «uno de los edificios más antiguos de La Meca y representante óptimo de la arquitectura tradicional». Otro destino imprescindible es el palacio de Qasr Jozam, que aunque «se construyó hace poco más de ochenta años», en La Meca se considera patrimonio antiguo.

Aun así, cualquier superviviente del pasado irrita a los puristas, que quieren un control completo sobre la ciudad. Los apologistas de la «turbo-iconoclastia» saudí afirman que su inspiración es estrictamente religiosa. La autoridad religiosa suprema del país, el jeque Abdul-Aziz bin Baz, emitió una fetua en 1994 donde se decretaba que «no se permite glorificar los edificios y lugares históricos [...]. Hacerlo llevaría al politeísmo». El jeque repetía un sonsonete que lleva machacándose en el país desde hace poco más de doscientos años. Los wahabíes, la facción islámica a la que pertenece la dinastía saudí, se adueñaron en 1803 de La Meca y Medina. Desde el principio se dedicaron a desmontar cualquier asociación visible con otras variedades más antiguas y menos puritanas del islam. Sus objetivos principales fueron los mausoleos y mezquitas venerados y a menudo decorados con gran elaboración por los otomanos, entre ellos la tumba del propio Mahoma. La refriega entre otomanos y wahabíes sobre si había que reverenciar o destruir el patrimonio físico del islam entró en una nueva fase cuando los primeros consiguieron recuperar La Meca y Medina entre 1848 y 1860. A finales del siglo XIX, sin embargo, estos dos lugares sagrados del islam ya estaban otra vez bajo el férreo control de una secta que consideraba que el respeto al pasado de La Meca era idolatría.

La destrucción de la antigua Meca va de la mano con la prohibición de entrar en la ciudad, así como en el centro de Medina, a todo aquel que no sea musulmán. Ambas acciones tienen como meta «limpiar» la ciudad de su complejidad histórica. Los carteles de la autopista a La Meca lo dicen con claridad: SOLAMENTE MUSULMANES. El desvío que aleja a los coches de la ciudad tiene esta señalización: OBLIGATORIO PARA LOS NO MUSULMANES. Por supuesto, en todo el mundo hay centros religiosos donde los no adeptos tienen prohibido el acceso, por ejemplo, los templos mormones e hindúes, en los que solo pueden entrar los fieles. Pero la magnitud de la prohibición de La Meca, que impide a cinco sextas partes de la población mundial entrar ya no en un edificio, sino en toda una ciudad, la convierte en un caso único. El Corán tiene un verso que imparte la siguiente instrucción: «Verdaderamente, los idólatras son gente impura; a partir de este momento no podrán acercarse a la Mezquita Sagrada». No prohíbe entrar en La Meca, sino en la Gran Mezquita. La ampliación del veto a toda la ciudad es otro invento de los wahabíes sauditas. Lo irónico del caso es que el jerife de La Meca o protector de los Santos Lugares también declaró heterodoxos a los wahabíes y les prohibió la entrada a los lugares sagrados, antes de que estos conquistaran la ciudad.

Sin embargo, si las motivaciones son estrictamente religiosas, ¿por qué se han demolido edificios históricos tanto religiosos como laicos? Es importante recordar que los regímenes comunistas también afirmaban tener unos motivos puramente ideológicos para demoler edificios antiguos, pero hoy en día se sabe que sus acciones estaban más relacionadas con el afianzamiento de su poder y sus beneficios. La Meca es una ciudad en pleno boom, con un flujo garantizado y creciente de peregrinos cargados de dinero contante y sonante. «Todas las primeras marcas llegan en tropel», dice John Sfakianakis, el ex economista jefe del Banque Saudi Fransi. Starbucks, The Body Shop, Topshop, Tiffany & Co., Claire's Accessories y Cartier son solamente unas cuantas de las firmas beneficiadas. La iconoclastia infligida sobre La Meca está creando el entorno perfecto para el crecimiento del consumismo. Ya no hay obstáculos para gastar dinero: no quedan rastros ni símbolos de los estilos de vida más pausados, menos frenéticos y más heterogéneos que debieron existir allí antes de que se borrara la historia.

La destrucción de la antigua Meca y el veto a los no musulmanes imponen una visión singular del pasado y el futuro de la ciudad.

También provocan nostalgia de la diversidad perdida. Igual que Leningrado, a medida que la antigua Meca se aleja de la realidad, también va emergiendo como lugar de fantasía y de crítica. En una ciudad tan antigua como La Meca, la ausencia flagrante del pasado se convierte también en una presencia, algo intangible pero permanente e importante, que está dentro de la historia de la ciudad y que nunca podrá extinguirse del todo.

NEW MOORE

21° 37′ 00″ N; 89° 08′ 30″ E

Las tormentas e inundaciones pueden remodelar un paisaje de la noche a la mañana. La isla de New Moore emergió a unos kilómetros de la costa en pleno golfo de Bengala después del ciclón Bhola de 1971, y se componía de la tierra, arena y piedras arrastradas por los muchos ríos que conforman el enorme paisaje entretejido del delta del Ganges. La isla creció rápidamente hasta llegar a los tres kilómetros y medio de largo y los tres de ancho. Durante la estación seca vivía en ella un puñado de pescadores bangladesíes, pero el resto del año estaba deshabitada. Aparte de un pequeño manglar, no había gran cosa que diera cohesión a New Moore. Su tamaño y forma cambiaban dependiendo de las estaciones y las corrientes.

New Moore no podría haber elegido un lugar más precario donde afincarse, ya que el río Hariabhanga del que brotó dibuja la frontera entre la India y Bangladesh. Nada más emerger del agua, ambos países la reivindicaron como suya y cada uno de ellos le dio un nombre distinto. Para los indios fue la isla de New Moore, que

sigue siendo su nombre más habitual, mientras que los bangladesíes la bautizaron Talpatti del Sur. En cualquier caso era un botín preciado. Tanto la India como Bangladesh reclamaban el golfo de Bengala y sus reservas de petróleo y gas. La anexión de una isla nueva situada tan mar adentro permitiría a uno de los dos países extender sus aguas territoriales sobre un lecho marino de lo más lucrativo.

A modo de declaración de intenciones, en 1978 la Fuerza de Seguridad Fronteriza india instaló una valla publicitaria en la isla, junto con un mapa del país y una fotografía de su bandera. Los indios volvieron a calentar los ánimos en mayo de 1981, cuando destacaron temporalmente tropas en la isla e izaron una bandera de verdad en un poste de verdad. Durante una temporada dio la impresión de que la cuestión de a qué país pertenecía aquel montón de arena iba a provocar un conflicto grave. Ambos bandos, sin embargo, delegaron el dictamen concluyente a una serie de expertos en fronteras independientes. A estos se les encomendó la tarea de determinar cómo fluían las aguas del Hariabhanga alrededor de la isla. Esta enigmática información habría resultado decisiva en caso de haber podido establecer el *thalweg* del río, un término alemán que se usa en las disputas fronterizas asociadas con ríos y que se refiere al eje de mayor profundidad de su cauce y, por tanto, a su mitad. Si el thalweg se encontraba al este de la isla, entonces pertenecía a la India; si se hallaba al oeste, formaba parte de Bangladesh.

El thalweg no resultó fácil de determinar y el dictamen se demoró. Antes de que el problema se resolviera, sin embargo, New Moore empezó a desaparecer y para marzo de 2010 ya estaba completamente sumergida. La última fotografía de la joven isla muestra las ramas superiores de un grupo de árboles sumergidos arañando las aguas.

La subida del nivel del mar está creando costas nuevas a una velocidad que sobrepasa la capacidad de reacción de los gobiernos. Desde el año 2000 las aguas del golfo de Bengala, que ya estaban subiendo, han acelerado su ascenso, que es ahora de unos cinco milímetros al año. En una región tan baja, sometida a inundaciones repentinas, se trata de un aumento significativo. Muchos observadores consideraron que New Moore fue un problema político causado por la naturaleza y solucionado por el cambio climático. El *Christian Science Monitor* publicó un artículo con el titular: «El calentamiento global actúa como pacificador». En realidad, sin embargo, no es tan fácil discernir qué tienen de natural ni el ascenso ni el hundimiento de New Moore. Solamente uno de los factores que contribuyeron entra claramente en la categoría de «natural»: el hundimiento de una placa tectónica. Esta subsidencia está haciendo descender gradualmente el nivel de la tierra bajo el golfo de Bengala y en sus alrededores, y de paso sube el nivel del mar.

Y el cambio climático, en vez de paliar la situación, la está empeorando. No solamente se le puede echar la culpa de haber acelerado el ciclo de creación y destrucción, sino también de la gravedad de las inundaciones recientes. El aumento de las lluvias que provocó la crecida de los ríos, la cual, a su vez, dio luz a la isla de New Moore, fue un resultado directo del calentamiento de los mares causado por el cambio climático. La construcción de carreteras río arriba también contribuyó a la creación de New Moore, dado que provocó corrimientos de tierras que añadieron al río cantidades enormes de sedimentos. Por desgracia, la deforestación por toda la región, en especial la tala de árboles del mangle a lo largo de la ribera, supuso que los nuevos sedimentos no se sepultaran en la costa y ayudaran a consolidar la línea costera, sino que acabaran siendo arrastrados mar adentro.

New Moore no es la única isla que ha aparecido y desaparecido en el golfo de Bengala. En el lado indio ha habido por lo menos cuatro más. Una de ellas, Lohachara, tenía una población de seis mil personas antes de hundirse en 2006. Hace poco la han divisado emergiendo de nuevo. Parece ser que ni la aparición ni la desaparición de estas islas son acontecimientos puntuales. Cada vez emergen y se hunden con mayor frecuencia, un fenómeno que también se ha observado en otros estuarios del mundo. Una de las islas nuevas más famosas emergió en Francia en enero de 2009, después de que el ciclón Klaus azotara el sudoeste del país. En el estuario del Gironda se depositó la que pronto se bautizó como «*l'île mysterieuse*», situada once kilómetros mar adentro. Esta *île mysterieuse,* que abarcaba ciento una hectáreas con la marea baja, era el resultado de muchos de los mismos procesos que habían hecho aparecer New Moore. Las aguas del golfo de Vizcaya no están subiendo tan deprisa como en Bengala, o sea que, con suerte, *l'île mysterieuse* perdurará más que New Moore, dado que las islas nuevas que emergen frente a las costas bajas son muy útiles. Su valor medioambiental no consiste en diferir las reclamaciones territoriales, sino en proteger las zonas costeras de las tormentas y las inundaciones. También podrían proporcionar tierra adicional para los países superpoblados. En un mundo donde las líneas costeras cambian cada vez más deprisa y de forma más impredecible, estos afloramientos pueden ser útiles y echar una mano. New Moore podría elevarse, protegerse y afianzarse con árboles del mangle. Sería una empresa barata, al menos si se la compara con la construcción de islas nuevas desde cero (véase «Las Maldivas Flotantes»).

Tal como ha quedado claro, el ascenso del nivel del mar no augura precisamente una nueva era de divertidas isletas vacacionales, sino más bien una pugna para proteger las tierras bajas. Las proyecciones muestran que gran parte de la costa del golfo de Bengala —desde Calcuta en el oeste hasta Birmania en el este— estará pronto bajo las aguas. Las predicciones iniciales del Panel sobre el Cambio Climático avisan de que hacia 2050 Bangladesh habrá perdido un diecisiete por ciento de su masa terrestre. Una serie de estudios más recientes del Centro para los Servicios de Información Geográfica y Medioambiental, cuya sede está en Daca, indica que gran parte de esta tierra no se perderá de forma permanente, sino solamente durante la temporada de los monzones. En cualquier caso es un problema cada vez mayor para un país donde una media de once personas pierden su hogar cada hora por culpa de las crecidas de las aguas.

New Moore representa mucho más que una disputa por aguas territoriales. Es un acicate fortuito y poderoso para que adoptemos una estrategia más dinámica de sostenimiento de las islas costeras. Los bangladesíes, que viven en un país emplazado en un delta, están acostumbrados a la idea de que las islas puedan aparecer y desaparecer, y tienen las habilidades necesarias para aferrarse a ellas. Otra recién llegada muestra cómo hay que hacerlo. La isla de Nijhum Dwip, o Isla Silenciosa, emergió a principios de los años cincuenta. Aunque gran parte de la isla se inunda de forma regular, hoy en día se ha estabilizado y consolidado, sobre todo gracias a que se plantaron árboles del mangle. Ahora viven allí más de diez mil personas, además de muchos ciervos, monos y aves acuáticas. En 2001 se la declaró parque nacional.

Si se las ayuda, las islas nuevas como New Moore pueden convertirse en lugares viables. Es cierto que no sabemos si las actividades encaminadas a la creación de tierra firme pueden imponerse a la velocidad con la que sube el nivel del mar: las predicciones más pesimistas sugieren que la única solución a largo plazo para muchas zonas costeras es su abandono. Pero de momento no hay razón para huir a las montañas. Necesitamos ampliar nuestra idea de en qué consiste la conservación local. Esta, durante el siglo XXI, tendrá que incluir no solo la protección de las especies y los ecosistemas, sino también la creación de islas. No es necesario dejar que las islas se hundan; se pueden conservar y sostener. Con ayuda, New Moore podría alzarse de nuevo.

«PAISAJE DE TIEMPO»

40° 43′ 37″ N; 73° 59′ 59″ O

En la esquina de LaGuardia Place con la calle West Houston de Nueva York hay un rectángulo de tierra, vallado e inaccesible al público, que desde 1978 está cedido a la naturaleza perdida. En esta parcela de unos mil metros cuadrados, el artista Alan Sonfist se dedicó a plantar especies nativas de la zona: cedro rojo, cerezo negro y hamamelis, junto con vegetación baja a base de parra virgen, hierba camín y algodoncillo: es decir, la clase de flora que uno habría encontrado en la ciudad antes del siglo XVII.

Paisaje de tiempo (‘*Time Landscape*’) fue la primera obra importante que surgió de una serie de ideas que Sonfist llevaba un tiempo albergando. En el manifiesto publicado en 1968 «Los fenómenos naturales como monumentos públicos» pedía que se crearan equivalentes medioambientales a los monumentos conmemorativos bélicos. Lugares que se convirtieran en homenajes a los paisajes desaparecidos; lugares de reflexión que registraran y nos recordaran «la vida y la muerte de fenómenos naturales tales como los ríos, los manantiales y los afloramientos naturales».

Paisaje de tiempo tiene la intención de «recordarnos que hubo un tiempo en que la ciudad era un bosque». También es un recordatorio más personal. En una entrevista reciente, Sonfist admitió que gran parte de su obra «empezó durante mi infancia, cuando fui testigo de la destrucción progresiva del bosque durante mis paseos por el Bronx». Sin embargo, una vez completada, *Paisaje de tiempo* plantea una serie de preguntas difíciles sobre la defensa de los lugares perdidos de la naturaleza. Porque a *Paisaje de tiempo* lo invaden continuamente hierbas forasteras y poscoloniales como las campanillas y la cerraja. Sonfist dice que no le molesta y afirma que «esto es un laboratorio abierto, no un paisaje enclaustrado», y que él siempre quiso que las especies interactuaran.

Sin embargo, si esto es así, *Paisaje de tiempo* es un monumento conmemorativo bastante vacío. Porque es precisamente su evocación rigurosa del pasado aquello que lo distingue del resto de las zonas verdes de la ciudad. No es de extrañar que el Departamento de Parques y Recreo de la ciudad de Nueva York, actual cuidador del lugar, tenga menos manga ancha para las especies foráneas que su creador. Todas las especies invasoras se purgan cada cierto tiempo. *Paisaje de tiempo* se ha convertido en un recurso único, aunque bastante discreto, dentro de un programa del departamento llamado Greenstreets ('Calles verdes'), cuya intención es convertir «las zonas pavimentadas de la calle, como las isletas de tráfico y los bulevares, en zonas verdes con césped». Quieren conservar *Paisaje de tiempo* como una obra de arte. Y así es como se ha visto sometido a otro tipo de preservación, a otro intento de detener la corrupción del tiempo.

Limpiar *Paisaje de tiempo* de malas hierbas lo conserva como una obra de arte del pasado. Sin todo ese mantenimiento, su dirección temporal resultaría mucho más difícil de descifrar: estaría menos claro si apunta hacia delante o hacia atrás. Los críticos dicen que *Paisaje de tiempo* se ha «museificado», que ahora es un lugar muerto y no supone un gran beneficio para el público. De hecho, sus estratos de preservación se han combinado para convertirlo en un lugar todavía más complejo y desconcertante. Y resulta más extraño porque nos obliga a afrontar una incómoda paradoja: cuando intentamos reverenciar a la naturaleza, esta se nos escapa entre los dedos y nos deja en las manos algo que no nos esperábamos, algo antinatural.

La ciudad es un lugar donde primero se extirpa la naturaleza y después se lamenta su pérdida: primero se la mata y luego se la hace volver del más allá únicamente para sepultarla en una serie de espacios enjaulados de tributo floral. Las malas hierbas que infestan el paisaje sepulcral de *Paisaje de tiempo* se arrancan, se meten en hileras de bolsas de basura negras y se llevan a la incineradora. Ellas mismas también forman un monumento destinado al fuego, nuestra venganza contra la venganza de la naturaleza, cobrada una y otra vez. Los restos de naturaleza cuidadosamente mantenidos que siguen en su sitio resultan demasiado anémicos para evocar ningún pasado fértil o significativo, aunque aseguran, eso sí, que *Paisaje de tiempo* siga siendo un monumento conmemorativo tanto a la naturaleza como al arte del pasado.

El protocolo de pureza de *Paisaje de tiempo* se repite en incontables parques y jardines, pero también en la clase de land art o arte medioambiental que suele realizarse por encargo en las ciudades. Muchas obras de land art crean lugares desorientadoramente humanos dentro de grandes paisajes naturales: un camino recto de guijarros en medio de un caos rocoso; un muelle en espiral encajado en un lago remoto. Sin embargo, para los artistas que trabajan en las ciudades, parece que la tentación de enfrentarse a las calles asfaltadas con naturaleza en estado puro es irresistible. Además de *Paisaje de tiempo*, la obra más conocida de este género que se ha visto en Nueva York fue *Campo de trigo: un enfrentamiento* ('*Wheatfield—A Confrontation*'), un solar vacío de unos ocho mil metros cuadrados en el sur de Manhattan donde Agnes Denes plantó trigo en 1982. Era una obra más política que *Paisaje de tiempo*. El campo fértil y la media tonelada de trigo que produjo este campo simbolizaban el hambre causada por las «prioridades erróneas» de Wall Street. Pero el cereal dorado y el sencillo mensaje moral de la obra también buscaban contrastar con la ciudad corrupta y deshonesta. Fue otro lugar purificado por la naturaleza.

Campo de trigo de Denes no tardó en ser segado y no perduró el tiempo suficiente para verse involucrado en complejos debates sobre el uso de la tierra o para que empezara a verse como anticuado. *Paisaje de tiempo* sufre un destino distinto. El *Village Voice* publicó la crónica de cómo la atmósfera de un día de limpieza y desbroce se agrió un poco cuando el director de una alianza de la comunidad local declaró que «ya era hora de algo nuevo» y que *Paisaje de tiempo* era una obra de «arte de los ochenta», que «ponía por delante al artista». Es cierto que en las dos últimas décadas ha pasado de moda la creación de ecoarte edénico y, en su lugar, ha arraigado la fascinación por la degradación urbana infestada de malas hierbas (véase «El Parque Arqueológico de la Inconclusión Siciliana»). Un influyente ensayo de John Patrick Leary sobre la «exuberante devoción por el deterioro urbano» denominaba a esta tendencia «detroitismo», dado que, para los artistas y los fotógrafos, la ciudad de Detroit se ha convertido en «la meca de las ruinas urbanas».

Paisaje de tiempo y el detroitismo son puntos de partida muy distintos, y, sin embargo, los dos convergen en su preocupación central por la civilización metropolitana: ¿cómo podemos vivir sin naturaleza? ¿En qué nos convertimos o qué podemos fingir que somos sin ella? Sonfist nunca pretendió tener las respuestas a estas preguntas, y ya hace mucho tiempo que el significado de *Paisaje de tiempo* escapó de su control. Hoy es un lugar problemático y paradójico, pero que también apunta a los remordimientos por la naturaleza perdida que subyacen en la superficie de incluso el paisaje urbano más resplandeciente y virgen.

EL DESIERTO DE ARALKUM

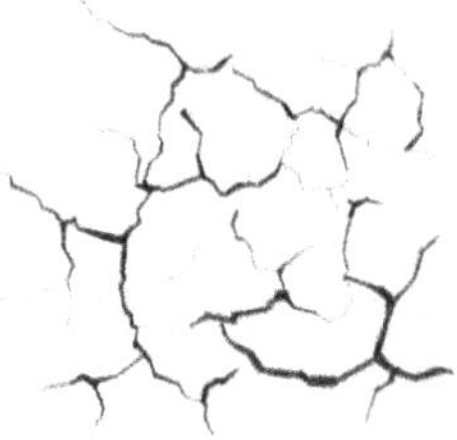

44° 45′ 37″ N; 62° 09′ 27″ E

El desierto de Aralkum es demasiado nuevo, demasiado grande y tiene un contorno demasiado cambiante para figurar en ningún mapa. Antes se lo conocía como el Mar de Aral. Hoy en día se está imponiendo su nuevo nombre, que no es tan exótico como parece. «Kum» significa 'arena' en uzbeko.

Los mapas que llevan la leyenda GEOGRAFÍA FÍSICA suelen considerarse más inalterables que los que se presentan como GEOGRAFÍA POLÍTICA. Estamos acostumbrados a que estos últimos requieran actualizaciones con regularidad; sin embargo, seguimos imaginando que los contornos físicos y los rasgos naturales del planeta se mueven muy despacio o incluso que son sólidos como la roca. Nuestro amor a los «espacios naturales» se basa en parte en el convencimiento de que son autosuficientes y tan antiguos como el tiempo mismo, a diferencia de nuestros frágiles asentamientos y precarias fronteras. Se trata de una perspectiva anticuada (véase también «New Moore»), que promueve la idea de que los sistemas naturales pueden resistir cualquier tipo de cambio; que cuando un conjunto de flora y fauna muere, aparece alegremente otro en su lugar. El Aralkum es un espacio natural, un desierto vacío, pero también un lugar antinatural que muestra que la adaptación orgánica ya no puede seguir el ritmo del impacto humano.

También es un escenario de recuerdos desconcertantes. El Mar de Aral solía ser enorme. Con 426 kilómetros de largo y 284 de ancho, era el cuarto mayor lago del mundo. Cualquier niño que siga con el dedo el mapa de Asia Central todavía podrá encontrarlo, detenerse en él y preguntarse cómo se formó una masa azul tan grande a tantos kilómetros del océano. Antaño lo llamaban el Mar Azul y se registró por primera vez en los mapas en 1850. El Mar de Aral no tardó en dar sustento a varias flotas pesqueras y a un puñado de aldeas nuevas, y a mediados del siglo pasado ya estaba flanqueado por diecinueve pueblos y dos ciudades, Aralsk al norte y Muynak al sur. Hoy en día los puertos de estas ciudades quedan a muchos kilómetros del agua.

El Mar de Aral recibía las aguas de uno de los ríos más largos de Asia Central, el Amu Daria, que discurría en dirección norte a lo largo de unos dos mil quinientos kilómetros hasta convertirse en un delta salpicado de islas. Entre este y el río Sir Daria, que desembocaba en la costa norte del Mar del Aral, el lago recibía enormes cantidades de agua dulce procedentes de las montañas. Los planificadores soviéticos no tardaron en ver el potencial que tenían aquellos ríos para abastecer sus sistemas de riego para el algodón y el trigo. Así pues, a partir de los años treinta se construyeron unos canales enormes que desviaban agua tanto del Amu Daria como del Sir Daria y la distribuían por millones de hectáreas de tierra fértil. Uno de los principales expertos en desertificación de la Unión Soviética, el profesor Agajan Babaev, explicaba en 1987 en un artículo para una revista soviética de economía que «secar el Aral es mucho más provechoso que preservarlo». Y lo que es todavía más extraño, llegaba a la conclusión de que «muchos científicos —yo, entre ellos— están convencidos de que la desaparición del lago no afectará a los paisajes de la región». La muerte del Mar de Aral no solamente estaba prevista, sino que se promovió activamente.

El Mar de Aral ya empezó a decrecer en los años sesenta, pero la irrigación continuó y el volumen de agua drenada de los ríos alcanzó

su cúspide en 1980. Sin la infusión de agua dulce fluvial, muchas de las lagunas cada vez menos profundas del Aral se volvieron casi tan salobres como el océano. Emergió un nuevo paisaje desértico y polvoriento. Los contaminantes arrastrados por el viento convirtieron la zona en uno de los lugares más insalubres del mundo y se dispararon las tasas de mortalidad infantil y de enfermedades respiratorias. La desaparición del Mar de Aral también influyó en el clima. Hasta entonces, la enorme masa de agua había templado el clima en los inviernos y había refrescado los veranos. Con su desaparición llegaron sistemas climáticos localizados mucho más extremos y destructivos.

Desde 1960 el Mar de Aral se ha encogido en más de un 80% y su volumen de agua ha caído en un 90%. Su tamaño y su forma varían muchísimo en los mapas recientes: a veces se representa de forma bastante precisa, fragmentado y encogido, pero es habitual verlo plasmado como era antes de romperse y reducirse. Dado que la producción de algodón sigue siendo una prioridad económica tanto en Kazajistán como en Uzbekistán, y no hay perspectiva real de rehabilitación en el horizonte, ya va siendo hora de que se elimine el Mar de Aral de los mapas del mundo y se inserte en su lugar el desierto de Aralkum.

Los visitantes actuales del Mar de Aral se encuentran con una llanura desierta y barrida por vientos inclementes. El suelo está lleno de conchas descoloridas de moluscos y restos de embarcaciones saqueadas; la tierra desecada se extiende hasta el horizonte. El desierto de Aralkum está bordeado por pueblos fantasma, piscifactorías abandonadas y herrumbrosos astilleros. La isla de Barsa-Kelmes, que en kazajo significa 'tierra sin regreso', era la más grande del Mar de Aral, además de una reserva natural célebre por sus águilas, ciervos y lobos. Hoy es un simple montículo de tierra muerta. En 1993 ya estaba despoblada, salvo por un vecino que se negaba a marcharse y un puñado de testarudos asnos salvajes. Parece ser que el antiguo guarda forestal Valentin Skurotskii se sentía ligado a la isla porque su madre estaba enterrada allí. Se halló su cuerpo en 1998, sentado en una silla y con la cabeza apoyada en las manos.

En Kazajistán y Uzbekistán la gente ya se ha cansado de historias tristes y malas noticias sobre el Aral. Durante las últimas dos décadas, gran parte de la cobertura informativa regional sobre el Aral ha tratado sobre la represa y el «renacimiento» del llamado Pequeño Mar de Aral, en el norte. De ello se infiere que el resto del Aral hay que dejárselo a la arena. La presa recién construida que mantiene las aguas del Sir Daria en el Pequeño Mar de Aral restringe todavía más su curso hacia el sur. En 2008 el presidente de Kazajistán, Nursultán Nazarbáyev, se plantó en una nueva presa construida en las inmediaciones de Aralsk y declaró que un día las aguas regresarían a los muelles de la ciudad. Gracias a los nuevos diques y esclusas, puede que esté en lo cierto. Las aguas del Pequeño Aral han subido y se han vuelto más dulces. Pero es una exigüe victoria si se compara con la pérdida del «Gran Mar de Aral».

El Aralkum es más que un simple desierto nuevo y gigantesco; también es un inmenso experimento, el mayor ejemplo mundial de sucesión primaria antropogénica. El concepto de sucesión primaria se refiere al desarrollo de vida vegetal en una tierra que antes carecía de vegetación. Los ejemplos clásicos son las islas volcánicas como Surtsey, que emergió del Atlántico, unos treinta kilómetros al sur de Islandia, en 1963. La primera planta se divisó en Surtsey dos años más tarde y, en la actualidad, gran parte de la isla está cubierta de musgos, líquenes, hierbas y hasta de algunos matorrales. Aunque se trata de procesos naturales, es el aspecto antropogénico, o causado por el hombre, lo que los hace más impredecibles. Últimamente, la mayoría de los ejemplos de sucesión primaria están causados por humanos y no tienen nada que ver ni con la actividad volcánica ni con los glaciares. Se producen en los paisajes muertos causados por las pruebas nucleares, o bien encima de las pilas de desechos, en los escenarios de batallas, o entre el asfalto y los adoquines resquebrajados de nuestras ciudades.

Estas plantas parecen unos invasores tan intrépidos que resulta fácil dar por sentado que, con el tiempo, la vegetación siempre vuelve a crecer y a conquistarlo todo. Todavía es pronto para afirmarlo, pero de momento parece que el Aralkum sugiere lo contrario. Su lecho marino salobre, azotado por las polvaredas y a menudo tóxico, dificulta mucho las condiciones para que surja nueva vida. Un equipo alemán de la Universidad de Bielefeld ha estudiado la escasa vida vegetal que está arraigando allí. Junto con otros expertos, el equipo ha predicho que el desierto solamente reverdecerá si la gente se adentra en él y planta especies que no solo sean resistentes a la sal, sino que también soporten las temperaturas extremas y los vientos del lecho marino seco. Y, sin embargo, el 70% del Aralkum es desierto salobre. Devolverle la vida sería una misión cara, muy larga y probablemente ingrata. El Aralkum parece estar enseñándonos que, al menos a corto plazo, la naturaleza no puede más. Solamente nosotros podemos resolver un problema que hemos creado, pero de momento la solución parece estar fuera de nuestro alcance. Nos hemos acostumbrado a considerarnos capaces de proteger y cuidar los espacios naturales, pero la historia del Mar de Aral nos plantea un desafío mucho mayor: hay que ir más allá del simple hecho de designar zonas de conservación y reconstruir ecosistemas enteros y paisajes a gran escala.

Entretanto, el nuevo desierto desvela sus secretos. Parece que no es la primera vez que la zona ha estado seca. En el viejo lecho marino, unos cazadores kazajos han encontrado restos de un mausoleo medieval, además de huesos humanos, alfarería y ruedas de molino. Una serie de fotografías por satélite han revelado el curso de varios ríos medievales serpenteando a través del desierto. Estos hallazgos confirman una leyenda local de que el Aral había sido tierra firme. Desde entonces se ha actualizado el folclore del lugar. Ahora la gente mayor anhela una segunda inundación, un nuevo diluvio que les devuelva su Mar Azul.

2

GEOGRAFÍAS OCULTAS

EL LABERINTO

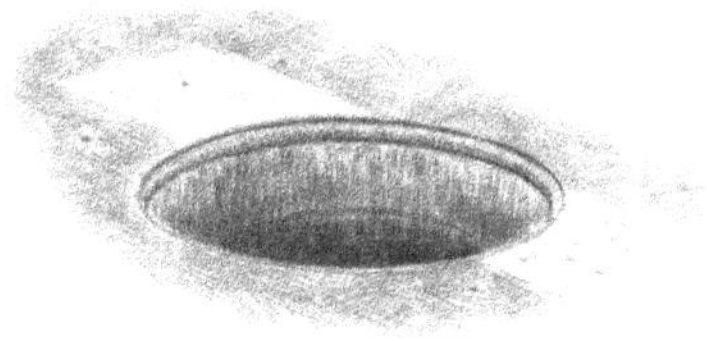

44° 56′ 14″ N; 93° 12′ 03″ O

En un mundo donde resulta fácil dar por sentado que ya todo se conoce y está cartografiado, aquellos lugares que no aparecen en los mapas se vuelven intrigantes y provocadores. Aunque lo más sensato sería dejar en paz las pocas comunidades con las que el mundo exterior realmente «no ha contactado» (isla Sentinel del Norte), hay muchas formas de geografía oculta que sugieren la posibilidad de que la era de los descubrimientos no ha terminado del todo. La sorprendente resistencia de las ciudades cerradas (Zheleznogorsk) y de las ciudades subterráneas (las ciudades subterráneas de Capadocia), así como los usos inesperados de los paisajes ya existentes (el Cementerio Norte), nos desafían a reinterpretar las calles ordinarias. Las rutinas espaciales que crean otros animales (las madrigueras de los zorros) o bien las partes subterráneas y cerradas bajo llave de la ciudad (el Laberinto) nos ofrecen unos retratos todavía más íntimos de una serie de lugares notables que se encuentran simultáneamente cerca y lejos.

La exploración urbana arrancó en la primera década del siglo XXI.

Me di cuenta de que se estaba popularizando cuando mi sobrino de dieciséis años me contó que había pasado una noche en un sanatorio mental abandonado. Me enseñó las fotos: pabellones vacíos cubiertos de yeso, radiadores patas arriba y adolescentes sonrientes posando delante de los ridículos monstruos que habían pintado en las paredes. No le pregunté por qué lo había hecho: ya lo sabía. Una década antes yo había contribuido a fundar una revista dedicada a todas esas andanzas y derivas geográficas experimentales que se conocen como *psicogeografía*. La llamamos *Transgressions: A Journal of Urban Exploration* ('Trangresiones: Revista de Exploración Urbana'). Solo se publicaron cuatro números y estaba atiborrada de crónicas deliberadamente desconcertantes escritas por geógrafos de vanguardia. Lo que nos había reunido era nuestra noción de la exploración urbana, entendida como una especie de versión geográfica de la escritura automática de los surrealistas. Nuestras aventuras en el mundo real eran poco más que perchas en las que colgar nuestros ensayos interpretativos, que solían ir acompañados de largas bibliografías de autores situacionistas y marxistas mágicos. Hasta que gente como mi sobrino empezó a salir y reclamar partes ocultas de la ciudad, no empecé a entender que deambular sin rumbo y a la intemperie puede resultar bastante anodino en comparación con otras aventuras más deliberadas, misiones geográficas diseñadas y enfocadas para acceder a una serie de espacios prohibidos e invisibles que hay en el mundo cotidiano y debajo de él.

Hoy en día, esta clase de exploración urbana no se hace, en la mayoría de los casos, ni por amor al arte ni tampoco por razones políticas, sino por amor a los descubrimientos. Internet está lleno de foros dedicados a la moderna exploración urbana en los que se pueden leer informes de grupos con sede en decenas de ciudades. Miles de émulos urbanos de Cristóbal Colón generan nuevas leyendas. Entre sus lugares de juego más conocidos se cuentan las catacumbas y canteras del París subterráneo, las estaciones muertas del metro de Londres o bien las fábricas y embajadas abandonadas de Nueva York y Berlín, pero el espíritu nómada de los exploradores urbanos encuentra continuamente nuevas posibilidades y afronta riesgos cada vez mayores a fin de acceder a los espacios en blanco del mapa. La naturaleza pujante de esta escena se refleja en el hecho de que ya ha empezado

a sufrir escisiones internas y disputas territoriales. A algunos de los descubridores de la ciudad oculta les gusta pensar que tienen los derechos en exclusiva sobre sus hallazgos, o por lo menos que hay que restringir su acceso a un clan selecto de compañeros de viaje.

Esta crónica trata del mundo secreto que hay debajo de las Ciudades Gemelas de Minneapolis y Saint Paul, en Minnesota, bautizado por los aventureros urbanos como «el Laberinto». Quien vivió inicialmente la emoción de explorar los variopintos sistemas de túneles y cuevas que componen el Laberinto fue el Action Squad, una banda de exploradores de las Ciudades Gemelas especializados en viajes subterráneos. Tras intentar entrar por muchas tapas de alcantarilla, por fin encontraron el acceso al sistema sobre el que circulaban rumores, un portal que les reveló finalmente siete secciones de túneles conectados entre sí, así como una infinidad de cuevas artificiales y cámaras subterráneas de edificios demolidos. Como cualquier otro grupo de pioneros, el Action Squad se deleitaba en la idea de haber sido el primero en encontrar aquel mundo perdido y señalaba en su página web la «ausencia casi perfecta de grafitis, que se explica por la falta de puntos de acceso para cualquiera que no sea un explorador verdaderamente entregado».

Moverse por el Laberinto no es fácil, pero ofrece esa mezcla de subidón de adrenalina y descubrimiento que convierte el esfuerzo en adictivo. «Nos hemos pasado horas cavando túneles en los bloques de arenisca, usando cuchillos para la mantequilla y otras herramientas primitivas para superar las barreras que se interponían en nuestra exploración —rememora un miembro del equipo en la página web del Action Squad—. ¡Hemos exclamado decenas de variaciones de "¡hostia puta!" a medida que íbamos encontrando lugares todavía más asombrosos que explorar cuando ya pensábamos que lo habíamos visto todo. Carajo, ese lugar nos *encanta*».

La dedicación del Action Squad y la calidad de sus hallazgos atrajeron a otros aventureros al Laberinto. En un ejemplo de turismo de exploración urbana, además de constituir un homenaje, un explorador residente en Calgary llamado KAOS describió su visita de 2007 a la ciudad: «Tenía que ir al Laberinto. Conocía muy bien las historias sobre él —escribió en una página web canadiense de exploraciones urbanas—. Para mí era como entrar en el mito original de la EU (exploración urbana)». Después de una visita guiada por algunos de los platos fuertes del lugar, cuevas naturales y paisajes subfluviales, KAOS manifestó su respeto y admiración hacia la «gente que recorrió esto por primera vez, sin saber si los túneles llevaban a alguna parte, enfrentándose a la posibilidad de quedarse atrapados o provocar un hundimiento. Para eso hacen falta cojones».

Muchos de los lugares que estaban ocultos y se descubrieron durante la primera ola de exploración urbana se han vuelto bastante conocidos entre los iniciados, y cada vez hay más gente al tanto de dónde están y de cómo adentrarse en ellos. Quienes desean que lugares como el Laberinto continúen inmaculados lamentan la transformación de una actividad restringida a un puñado de temerarios en una modalidad de ocio practicada por miles de individuos. Otro de los primeros expedicionarios de esta red de túneles, el profesor universitario de geología Greg Brick, señaló en su guía local *Subterranean Twin Cities* ('Ciudades Gemelas subterráneas') que, de ser unos cuantos los «apasionados por el tema», la escena había eclosionado: «El resultado era predecible: los lugares subterráneos, hasta entonces silenciosos e intactos, se vieron invadidos». Brick criticaba ferozmente a los «chavales internautas que hacen clic en todo» por mancillar los reinos ocultos de estas ciudades y, en una maniobra que provocó la indignación en el seno de la comunidad de exploradores de las Ciudades Gemelas, le puso una cerradura a la entrada de una de las mejores ubicaciones del Laberinto: las catacumbas de la fábrica de cerveza Heinrich.

«Me ha parecido un poco (y perdón por la expresión) el acto de un capullo —se quejó el miembro del Action Squad Jeremy Krans—. No tiene ningún derecho. Los demás no vamos por ahí poniendo cerraduras para no dejar entrar a la gente.» Krans hizo estas declaraciones a un periodista de un diario de las Ciudades Gemelas, quien tituló la historia «Guerra por las cuevas». El artículo crispó todavía más la situación porque Action Squad afirmaba que Brick había plagiado sus misiones para escribir *Subterranean Twin Cities*. Él lo negó y esto derivó en una airada disputa legal, que ha planteado inesperados desafíos a esta comunidad, antes despreocupada, de allanadores de la propiedad privada. Da la impresión de que la naturaleza de sus actividades ha cambiado a raíz de que estas salieran a la luz y se regularizaran. Puede que continúe siendo una aventura seguir rutas y encontrar unos lugares ajenos, por mucho que sean ilegales y peligrosos, pero ya no está tan claro que sea un acto de exploración.

Es probable que estas cuestiones espinosas se hagan más visibles a medida que crezca la exploración urbana. Sin embargo, el exceso de énfasis en la originalidad y en «ser los primeros» impide a la mayoría de sus participantes captar el auténtico sentido de la exploración urbana, que es la emoción de descubrir lo extraordinario en la ciudad cotidiana. Bradley Garrett, profesor de geografía en la Universidad de Oxford que ha llevado esta actividad a las páginas de las revistas académicas de geografía, explica que sus valores centrales derivan de los «deseos de libertad emocional y de la necesidad de una expresión no mediada», así como de las «asociaciones con los juegos infantiles». En 2012 Garrett llevó a la práctica sus palabras escalando el exterior del edificio Shard de Londres un mes antes de que estuviera acabado.

Otra explicación de la exploración urbana nos la da Brandon Schmittling, el fundador de «Survive DC», una especie de juego de persecuciones para adultos que se celebra en Washington DC. «Creo que a la gente le gusta pensar que hay cosas que todavía no ha visto nadie», declaró a la revista *Newsweek*, y añadió que la exploración urbana invita a la gente a que «pierda los miedos que le provoca la ciudad».

Lo que también resulta asombroso de los exploradores urbanos es su afecto por los lugares abandonados que descubren. A menudo se representan a sí mismos como malhechores desaliñados, pero la relación que establecen con los lugares que descubren se basa en cuidar de ellos. Los investigan y documentan prestando atención a los detalles y haciendo gala de un respeto informal pero profundo. Quizá, más que versiones punk de Cristóbal Colón, sean herederos de Alexander von Humboldt, recopilando y ordenando fragmentos de información a fin de crear un sentido de la posibilidad y de celebrar el hecho de que el mundo cotidiano tiene dentro, o debajo, muchos más senderos y diversión de lo que pensábamos.

ZHELEZNOGORSK

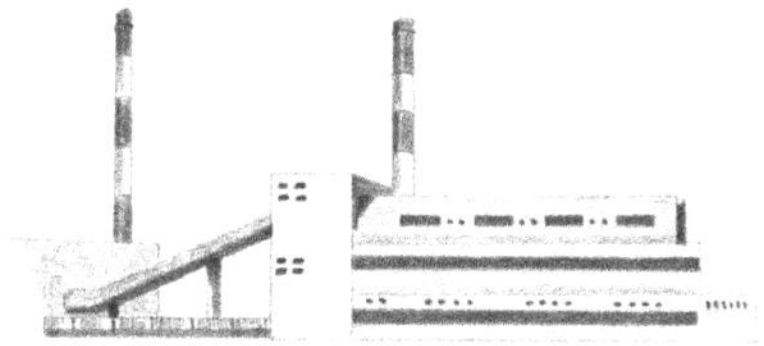

56° 15′ 00″ N; 93° 32′ 00″ E

En abril de 2010, dos científicos con bata blanca depositaron flores sobre las barras de control de un reactor nuclear en Zheleznogorsk, una población situada unos tres mil quinientos kilómetros al este de Moscú y fundada en 1950 con el único propósito de fabricar armas nucleares. El reactor llevaba cuarenta y siete años produciendo plutonio de uso militar en una ciudad que oficialmente no existía y que estaba cerrada al mundo exterior. La ceremonia marcaba el final de una época, y también parecía el fin de Zheleznogorsk, dado que sus noventa mil habitantes dependían casi todos de aquella fábrica.

Zheleznogorsk es una ciudad de grandes avenidas cuadriculadas, un lugar investido de una solemnidad y perseverancia serenas. Antaño era una ciudad secreta. No figuraba en los mapas soviéticos y sigue sin aparecer en muchos. Durante la mayor parte de su existencia ni siquiera tenía nombre, y se la conocía con el número de un apartado de correos, «Krasnoyarsk-26». Krasnoyarsk es la ciudad más cercana, situada a unos sesenta y cinco kilómetros. Hasta 1992 no se confirmó su existencia de forma oficial, cuando el presidente Boris Yeltsin decretó que por fin podían salir a la luz las ciudades cerradas.

Y, sin embargo, Zheleznogorsk sigue estando cerrada y su acceso es aún muy restringido. Los anfitriones de cualquier visitante de la ciudad tienen que enviar una petición a los servicios de seguridad y al Ministerio de Energía Atómica, y hasta los vecinos necesitan permiso para desplazarse. Lo más sorprendente es que Zheleznogorsk sigue cerrada porque a sus habitantes les gusta así: en 1996 votaron seguir aislados del mundo. Llegado este punto, Zheleznogorsk empieza a contradecir nuestras ideas preconcebidas sobre la vida en los lugares secretos en el seno de los regímenes autoritarios. Los lugares cerrados y las ciudades secretas encajaban muy bien con la mentalidad paranoica del comunismo soviético, pero resulta que, en la era poscomunista, las comunidades pueden tener otras razones para decidir seguir aisladas del resto del mundo. Ya no se trata de albergar secretos, sino de aferrarse a un estilo de vida.

Las ciudades cerradas llegaron a contarse entre los asentamientos más prestigiosos y mejor financiados de la URSS, con empleos bien pagados que atraían a técnicos y científicos de primera fila. Eran destinos muy atractivos. El carácter tranquilo y pulcro de Zheleznogorsk, su enorme parque, su ubicación junto a un lago y sus bosques y colinas, son cosas que sus habitantes quieren conservar. Han presenciado los efectos de la «apertura» en el resto de Rusia y no tienen muchas ganas de pasar por lo mismo. La nostalgia de la Unión Soviética pesa mucho en Zheleznogorsk: es la clase de lugar que la URSS siempre prometió a sus ciudadanos. La adulatoria página web «Zheleznogorsk: el último paraíso en la Tierra» no parece estar hecha con ironía. En ella, un escritor local, Román Sólntsev, describe el encanto de la ciudad como «una maravillosa sensación de relajación, calma y paz mental». Sólntsev señala también el «marcado contraste con los ruidosos y ennegrecidos centros industriales y las grandes ciudades».

Zheleznogorsk forma parte de un club de unas cuarenta «formaciones administrativo-territoriales cerradas» donde viven 1,3 millones de rusos que aceptan de buen grado lo que al mundo exterior podría parecerle una imposición. Un antiguo residente de otra ciudad cerrada y designada con un número de apartado de correos,

ЖЕЛЕЗНОГОРСК
КМА

Kuznetsk-12, explica en un chat sus razones para regresar a ella todos los años con su hija, pese a vivir en Estados Unidos: «Es un lugar único en la tierra, donde mi hija puede experimentar la libertad de explorar un pueblecito, ser independiente y dar preciosos paseos por la naturaleza sin miedo a que le pase nada, porque aquí todo el mundo se conoce».

Sarov, antes conocida como Arzamas-16, una ciudad de 92.000 habitantes que sigue siendo un importante centro de desarrollo de misiles nucleares, también ha luchado por restringir su entrada. Desapareció del mapa en 1946 y sigue cerrada, más por la determinación de sus habitantes que por ningún edicto de Moscú. Una guía turística de la ciudad, Svetlana Rubtsova, explicó a la prensa rusa que «ser parte de una ciudad cerrada te proporciona una sensación de comodidad y protección: en esta ciudad todo el mundo es tu familia». Sarov, al igual que otras ciudades cerradas, es un enclave étnico ruso, situado en medio de la región étnicamente mixta y potencialmente separatista de Mordovia. Al permanecer cerrados, «defendemos nuestra ciudad del caos», dice Dmitri Sladkov, residente de Sarov. Formado como planificador urbano, Sladkov se mudó con su familia desde Moscú en 1992 para escapar del desorden que invadía la capital.

En una época en que la asunción de tu apertura al mundo puede parecer obligatoria para toda ciudad que desee prosperar, la obstinada supervivencia de los lugares cerrados puede parecer misantrópica y carente de visión de futuro. Sin embargo, el deseo de Dmitri Sladkov de escapar con su familia del «caos» de las ciudades abiertas no es un sentimiento exclusivamente ruso. Rusia no es el único lugar donde la gente está construyendo comunidades cerradas. A medida que las ciudades modernas de todo el mundo se han ido fragmentando cada vez más y se han vuelto más impredecibles, la gente adinerada se ha mudado a poblaciones pequeñas, convirtiéndolas en enclaves urbanos, o bien ha creado refugios seguros y vallados dentro de la ciudad. Si en vez de denominar *ciudad cerrada* a Zheleznogorsk, la llamamos *comunidad con vigilancia*, de pronto deja de ser un eco del pasado para convertirse en un reflejo muy contemporáneo de la desconfianza urbana y la mentalidad de los consumidores.

Pero vivir en una comunidad cerrada sigue presentando problemas. En Zheleznogorsk, además de necesitar la aprobación de los servicios de seguridad para poder entrar, los visitantes no tienen gran cosa que hacer. Las únicas atracciones parecen ser el cine Madre Patria que hay en el centro de la ciudad y un restaurante. «Cuesta bastante montar un negocio en una ciudad cerrada —declaró una vecina a la *Russian Gazette*—. Es un proceso que requiere muchos acuerdos, por eso no hay competencia.» Para una noche de diversión, esta vecina tiene que coger el coche y conducir unos sesenta y cinco kilómetros hasta Krasnoyarsk.

¿Cómo sobrevive la ciudad? Aunque la industria que la sostenía, la producción de plutonio, se ha desmantelado, Zheleznogorsk ha aprendido a reinventarse de varias formas, dado que hay otras muchas manufacturas que se benefician del secretismo. Hoy en día, Zheleznogorsk aloja diversas plantas de producción de alta tecnología de naturaleza «delicada». Tres cuartas partes de los satélites de Rusia se fabrican allí, entre ellos todos los satélites de geoposicionamiento del país. Israel, Indonesia, Ucrania y Kazajistán han comprado satélites fabricados en Zheleznogorsk. Otro nicho de mercado que se abre a la ciudad es el almacenaje de desechos radiactivos. Se está construyendo un laboratorio subterráneo para investigar cuántos desechos radiactivos pueden enterrarse en las colinas circundantes. Se trata de la clase de proyecto que en cualquier otro lugar resultaría controvertido, pero que en Zheleznogorsk no plantea tantos problemas gracias a la mentalidad más dócil de la población local, que ha aprendido a no cuestionar a las autoridades: de sus 90.000 habitantes, solamente cincuenta se molestaron en echar un vistazo a los detalles del plan de almacenamiento de desechos.

Zheleznogorsk ha conseguido hacer la transición de ciudad cerrada comunista a ciudad cerrada capitalista. Puede que sus grandes avenidas parezcan un decorado soviético, pero en realidad se trata de un lugar que no nos habla tanto del pasado como de los altos niveles de privacidad y seguridad que exigen las empresas y los ciudadanos contemporáneos.

LAS CIUDADES SUBTERRÁNEAS DE CAPADOCIA

38° 22′ 25″ N; 34° 44′ 07″ E

Durante un tiempo, la historia de los asentamientos humanos pareció basarse exclusivamente en el ascenso: elevarnos, sacarnos de las oscuras cuevas y colocarnos cada vez a mayor distancia del suelo. La casa ideal de la era moderna no es el foso sino el ático. Por supuesto, estas aspiraciones tan elevadas requieren grandes despliegues de tuberías y cables bajo tierra, pero ya hace tiempo que los túneles traqueteantes del metro y los pasillos y respiraderos mal iluminados que abastecen a los moradores de la soleada superficie se consideran el gemelo tonto de la metrópolis, útil pero imposible de querer.

En la actualidad esta división tan radical se está desmoronando debido al creciente atractivo del subsuelo. Cuando existía la amenaza del apocalipsis nuclear, el único lugar seguro parecía encontrarse bajo tierra, y a medida que se nos agota el espacio en la superpoblada superficie, nos ponemos a cavar. Es bajo tierra donde se está seguro, el único lugar donde se puede escapar de la polución y del caos de la terrible superficie arrasada y donde, además, podremos controlar la temperatura cuando cambie el clima. Ya hay planes en marcha para construir ciudades subterráneas desde Holanda hasta China. La Fundación del Subsuelo de Ámsterdam afirma que el público por fin «ha aceptado el componente místico de estar bajo tierra». Se trata de una idea provocadora, porque sugiere que no descendemos únicamente para hacer arreglos técnicos o evitar el mal tiempo. Hay algo más ahí abajo que nos atrae.

Como es comprensible, cuesta encontrar las ciudades subterráneas en los mapas. Los mapas convencionales son útiles para representar los elementos de la superficie, pero tienen problemas para plasmar visualmente las ciudades con varios niveles. Debido en parte a esto, se suele pasar por alto y olvidar los lugares sepultados, que tardan muchos años en redescubrirse. Las antiguas ciudades subterráneas que aún hoy siguen encontrándose en la región de Capadocia, en el este de Turquía, son un perfecto ejemplo. Hay expertos locales que creen que todavía quedan por descubrir entre treinta y doscientas. Aunque es probable que esa cifra incluya también ruinas de monasterios en cuevas y aldeas excavadas en la roca, parece posible que solamente hayamos visto una pequeña parte del patrimonio urbano subterráneo de la región. La mayor ciudad subterránea que conocemos, Derinkuyu, salió a la luz en 1965 y todavía no está desenterrada del todo. Se descubrió por casualidad cuando un lugareño estaba despejando la pared del fondo de la cueva donde vivía. La pared se hundió y reveló otra cámara, que, a su vez, llevó a otra y a una tercera. Derinkuyu acabó revelando ocho niveles distintos de recintos subterráneos, capaces de acomodar a unas treinta mil personas. En sus niveles superiores contaba con viviendas, además de lagares y almazaras, establos y refectorios. Una escalera desciende desde el tercer nivel hasta las bodegas, almacenes y la iglesia, excavada en la roca en forma de cruz en el nivel inferior. Derinkuyu también contiene kilómetros y kilómetros de túneles artificiales, uno de los cuales lleva hasta otra ciudad subterránea situada unos diez kilómetros al norte, Kaymakli.

Cuando se construye en la superficie, se diseña el edificio en torno a una estructura que le sirva de base y no hacen falta vías de acceso al aire. Las ciudades subterráneas de Capadocia invierten ese modelo: quienes las excavaron tuvieron que empezar abriendo los

pozos de ventilación y luego expandir la ciudad a partir de estos, abriendo salones y pasillos, establos y dormitorios.

Los nombres de esas ciudades nos dan una pista de por qué se construyeron: *Derinkuyu* quiere decir 'foso profundo' en turco, y antes se llamaba Malagobia, que deriva de una expresión griega que significa 'dificultad para subsistir'. En el siglo I a. C., el arquitecto romano Vitruvio sugirió que los frigios habían construido las casas de roca de Capadocia hacía unos quinientos años. También escribió que como vivían en una «tierra desprovista de madera», los frigios «eligen las lomas naturales, las perforan y las ahuecan para afincarse en ellas». La ceniza volcánica endurecida que cubre la zona, denominada *toba*, es estable y fácil de excavar. Sin embargo, sigue sin estar claro quiénes son los inventores de la costumbre local de vivir en cuevas. El legendario arqueólogo alemán Heinrich Schliemann se mostraba de acuerdo con Vitruvio, pero hay otros expertos que sitúan su origen mucho antes, en la época de los hititas, unos mil años antes de que llegaran los frigios. En cualquier caso, ninguno de estos pueblos de la antigüedad fue directamente responsable ni de Derinkuyu ni de Kaymakli, que fueron excavadas por cristianos a partir del siglo VIII de nuestra era. Por aquella época Capadocia era una región fronteriza sin ley del Imperio bizantino, y su población cristiana, establecida allí desde hacía muchos siglos, sufría oleadas periódicas de invasiones y bandolerismo. En respuesta a estas amenazas, los cristianos de la zona desarrollaron unas tradiciones arquitectónicas ya existentes a fin de crear asentamientos subterráneos lo bastante grandes para alojar a comunidades enteras.

Tanto Derinkuyu como Kaymakli son construcciones defensivas. Tienen entradas pequeñas y cada nivel se puede sellar con unas gigantescas puertas de piedra. Asimismo, los puntos donde los numerosos conductos de ventilación salen a la superficie están muy bien escondidos. También hay diversas cisternas y pozos en los niveles inferiores, los cuales sugieren que sus habitantes podían permanecer allí escondidos durante largos periodos. No se ha resuelto la cuestión de cuánto tiempo seguido podía estar la gente allí abajo. La mayoría de las autoridades en la materia sugieren que las ciudades subterráneas eran lugares donde refugiarse, lo bastante grandes para albergar al ganado y casi todo aquello que pudiera trasladarse pero que únicamente estaban ocupadas cuando no era seguro estar fuera.

Está claro que el hábito cavernícola caló hondo en la región, porque la población local sigue practicándolo. Las cámaras superiores y exteriores de Derinkuyu, que se extiende debajo de la población homónima de la superficie, se usan como almacenes y establos desde hace tiempo. Muchas de las antiguas entradas a Derinkuyu están dentro de casas particulares y la gente sigue sacando agua del subsuelo por los antiguos conductos de ventilación de la ciudad. La tradición de construir bajo tierra continúa viva por toda Capadocia, y durante el último siglo se han seguido edificando almacenes subterráneos por toda la provincia para guardar las cosechas de verduras y frutas. Durante la primavera y el otoño, un gran porcentaje de los limones y las patatas de Turquía se almacena en estas frescas cavernas.

Estos ecos contemporáneos muestran una continuidad con el pasado, pero las ciudades subterráneas también nos transmiten mensajes más incómodos. Representan una historia sepultada de pluralidad religiosa en una nación que más tarde se volvería puramente musulmana. A lo largo de los últimos quinientos años, la población cristiana de Capadocia ha ido menguando. Los restos finales de una presencia cristiana significativa en Turquía huyeron a principios del siglo XX, víctimas de la expulsión e intercambio mutuos de población que realizaron en 1923 Turquía y Grecia. Casi todos los pueblos cristianos de la superficie han sido borrados del mapa. El subsuelo y sus cavernas vacías son uno de los pocos vestigios que quedan de los dos mil años de historia de las poblaciones cristianas de Turquía.

Estos lugares traen recuerdos de un pasado que ha sido empujado al subsuelo pero que permanece. Hoy en día, cada vez más turistas, tanto turcos como extranjeros, se ven atraídos por estos antiguos laberintos cristianos. El hecho de que muestren un estrato reprimido de la historia nacional de Turquía no explica del todo el porqué. También hay que reconocer el «componente místico» del subsuelo. A medida que descendemos a la oscuridad, tenemos la sensación de estar vislumbrando algo auténticamente arcaico. Esa es la sensación: el hormigueo por la espalda, y el extraño y turbador deseo de ir más adentro. Se trata tanto de un viaje personal como de un regreso de la especie al mundo previo a la civilización, tal vez incluso previo a la humanidad. Michael Moorcock en *Mother London* ('Madre Londres') y Peter Ackroyd en *London Under* ('Bajo Londres') defienden el subsuelo como un escenario de miedo y deseo, una fuente oscura de posibilidades. «Todo es cierto cuando uno escribe sobre el subsuelo», señala Ackroyd antes de ponerse a especular sobre una raza de trogloditas que lleva viviendo en los túneles de Londres desde el Gran Incendio. A medida que las ciudades subterráneas de Capadocia aparezcan cada vez más como ejemplos antiguos de una tendencia contemporánea, y el espacio subterráneo se convierta en un lugar cada vez más práctico y ocupado, tendremos que aprender a hablar de las expectativas y fantasías que nos producen los paisajes sepultados. Mientras los promotores empiezan a especular con las propiedades subterráneas, Capadocia sirve también como recordatorio de que solamente quienes de verdad sienten miedo eligen vivir bajo tierra.

LAS MADRIGUERAS DE ZORROS

54° 58′ 54″ N; 1° 35′ 21″ O

Hay animales que han creado sus hogares y vías de comunicación dentro de nuestros hábitats humanos. Cada vez que veo un zorro en la ciudad, por ejemplo, me entran ganas de seguirlo, de ver adónde va. En el callejón de detrás de mi casa he visto varias veces a un pequeño zorro, que, según me han dicho, probablemente viva entre las matas de azaleas y acebos que hay en la parte oeste, más boscosa, de Heaton Park, Newcastle. Un día me agaché y me abrí paso entre la espesura. Delante de mí quedaban las vallas traseras de las casonas de Parkville. Me encontré unas bolsas de basura y una cuna de mimbre medio podrida. Lo más probable era que la madriguera estuviera pegada a la valla, o bien excavada debajo de uno de aquellos enormes arbustos.

A los zorros de campo les gusta pasar el día descansando en los prados y los bosques. Solamente las hembras pasan largos periodos en las madrigueras, normalmente para dar a luz y cuidar de sus cachorros. No les importa mucho dónde construir la madriguera, y una de sus costumbres favoritas es reutilizar guaridas de tejones.

Pero los zorros de ciudad tienen costumbres distintas. En las casi nueve hectáreas de Heaton Park, que consisten en bosquecillos intercalados con instalaciones deportivas, no hay tejones, por lo que los zorros han tenido que excavar sus propias madrigueras, usar árboles con el tronco hueco o meterse por debajo de los cobertizos o los montones de escombros.

A todos los zorros les gusta que las entradas de sus madrigueras estén al sol. También prefieren la tierra poco compacta y que drene bien, y disponer de varias salidas de emergencia. Todo esto implica que si el agujero que yo tenía delante era una madriguera de zorro, no era demasiado buena. Había una entrada escarbada y oscura, situada unos treinta centímetros por encima de la base de uno de los árboles, pero dentro del agujero se veía el tenue reflejo del agua. Me puse en cuclillas y metí el brazo: mi mano se hundió en un charco frío. Las lluvias del invierno habían inundado aquella madriguera y el animal debía de haberse mudado a otra parte.

Hay pocas cosas más emocionantes que encontrar el lugar donde vive un animal, aunque esté vacío. ¿Quién no quiere recoger un nido caído, sentir su peso, inspeccionarlo y palpar su centro mullido? Aunque tengamos intención de destruirlos, la laboriosidad íntima del avispero y los pequeños túneles de los hormigueros nos llaman la atención. Lo que nos cautiva no es solamente lo intrincado de estos lugares, sino también su energía incansable. Mientras buscaba una madriguera de zorro en los terrenos más recónditos de los márgenes del parque, al principio tuve la sensación de perseguir algo frágil y raro; luego pensé que, si dejáramos de verter cemento y asfalto por todas partes, todos aquellos lugares que consideramos nuestro hogar sucumbirían pronto a la colonización silenciosa de los zorros. Para una especie apegada a los lugares como la nuestra, ver nuestro hábitat infestado y transformado en el hogar de otra es una fantasía habitual. Es una posibilidad que resulta al mismo tiempo atroz y fascinante. En *El mundo sumergido*, J. G. Ballard sostenía que hay un deseo atávico de esta clase de inmersión alojado en las partes más profundas y arcanas del cerebro humano que se basa en un recuerdo genético de la emergencia de la vida. La tesis de Ballard se corresponde con la idea del biólogo Edward O. Wilson de que los humanos estamos programados para ser «biófilos» y

sentimos un apego determinado por nuestra evolución hacia todo lo que vive. Yo añadiría que nuestras oscuras fantasías en las cuales la naturaleza regresa para vengarse también pueden considerarse productos secundarios de haberla reprimido. Es debido a que no dejamos de aplastar a las demás especies que nos atormente la idea de que regresen.

Por mucho que insistamos en que la ciudad es solamente nuestra, queremos compartirla. El crecimiento de la población de zorros urbanos nos deleita y alarma al mismo tiempo. Estos animales llevan viviendo en las ciudades británicas desde los años treinta y han alcanzado una densidad de población de hasta cinco grupos familiares por kilómetro cuadrado. Durante muchos años se creyó que los zorros urbanos eran un fenómeno exclusivamente británico. En los años setenta, sin embargo, empezaron a aparecer en ciudades tan alejadas entre sí como Oslo, Aarhus, Stuttgart, Toronto y Sapporo (Japón). Los ecologistas especializados en fauna salvaje que les han seguido la pista han descubierto que los zorros rurales y los urbanos se han vuelto especies muy distintas, hasta el punto de que un estudio mostró que ninguna de las dos especies «cruza casi nunca la frontera entre la ciudad y los pastos y bosques circundantes». Otro investigador descubrió que hay «un flujo genético cada vez menor entre las poblaciones urbana y rural». Además, el zorro urbano tiene una dieta diferente y una relación distinta con los humanos y su entorno. Ha habido al menos dos investigaciones importantes sobre aquello que los ecologistas denominan el «alojamiento diurno» de los zorros urbanos. Uno de ellos se llevó a cabo en Londres en 1977 y efectuó el seguimiento de 378 zorros. Casi el 60% dormía en «jardines, cobertizos, sótanos y casas»; el resto se encontró en plantas depuradoras, almacenes de materiales de construcción, solares y parques. Los cementerios y las vías férreas también eran populares. Resulta sorprendente que no nos tropecemos más a menudo con ellos.

Un segundo estudio más reciente realizado en Melbourne descubrió que los zorros tenían preferencia por las «infestaciones de hierbas exóticas». Si se arrancaran estas hierbas exóticas, concluían los expertos australianos, «se reduciría la presencia de zorros urbanos». En Australia, estos animales se consideran a menudo una especie foránea y destructiva. Y en esta dirección suele orientarse gran parte de los estudios académicos en materia de ecología: la identificación de los hábitats como un medio para mejorar las formas de impedir la propagación de estos animales. En la Europa continental, las investigaciones más recientes sobre los zorros urbanos tienen su origen en el descubrimiento de que a veces transmiten una enfermedad parasitaria llamada *equinococosis alveolar*, o *pequeña tenia del zorro*. Se trata de una infección que puede contagiarse a los humanos y producirles unos quistes de gran tamaño que requieren quimioterapia. Aunque el Instituto de Parasitología de la Universidad de Zúrich ha demostrado que la distribución de cebos que expulsen al parásito es la forma más eficaz y sostenible de resolver el problema, la amenaza de la posible propagación de la pequeña tenia del zorro puede suministrar argumentos de sobra a aquellos que quieran declarar la guerra al zorro urbano. Los británicos, sin embargo, que son quienes tienen más experiencia con estos animales, han llegado a la conclusión de que tratar de exterminarlos es una pérdida de tiempo. Las autoridades locales han renunciado a una práctica muy costosa y han descubierto que la población de zorros pronto alcanza un estado de equilibrio que permite convivir a animales y humanos.

Me alejé a toda prisa de aquel rincón oscuro de la arboleda, aunque no me resultó fácil salir caminando de espaldas por entre la maleza. Tenía la mano pringada de agua sucia y me sentía un poco engañado. Puede que los zorros urbanos sean bastante comunes, pero han desarrollado la habilidad de desaparecer en la ciudad, de tal forma que, cuando aparecen, suelen hacerlo por sorpresa. Aquella misma mañana había leído que un grupo de trabajadores de la construcción había descubierto a un zorro que se alimentaba de los restos de sus bocadillos en las obras de la planta setenta y dos del edificio Shard de Londres, el más alto de Reino Unido. Decidieron llevarlo al Riverside Animal Centre, que lo soltó otra vez en la ciudad. Era un gesto que transmitía un argumento ecológico bastante distinto: aunque a veces sea difícil compartir la ciudad con los zorros, también es inevitable. Soltar aquel zorro supuso, además, el reconocimiento de una idea más amplia: la topofilia y la biofilia se apoyan mutuamente. O, por decirlo de otra forma, aceptar que la ciudad es un entorno con especies múltiples nos beneficia a todos, pues enriquece, ameniza e, irónicamente, humaniza nuestra noción de lugar.

CEMENTERIO NORTE DE MANILA

14° 37′ 53″ N; 120° 59′ 20″ E

¿Quiénes están más fuera del mapa, los vivos o los muertos? La mayor parte de nuestras calles, ciudades, edificios y países las crearon personas ya muertas y llevan sus nombres. Los vivos desfilan por su reino como si fueran fantasmas. En una época que mitifica a los vivos y nos representa como dioses capaces de todo, de remodelar y revolucionar todo lo que tocamos, se trata de una situación incómoda. Esta discordancia, esta desavenencia, entre la percepción que tenemos de nosotros mismos y la sensación de insustancialidad líquida que nos acecha explica en gran medida el horror que nos provocan los muertos. Nos ofende el poder que ostentan sobre nosotros, la facilidad con que nos reducen a sombras.

Una forma de deshacernos de esta envidia de la tumba es llegar a un acuerdo con los muertos. Nosotros dejamos de tenerles miedo si nos dan acceso a sus lugares de reposo. Los vivos tenemos mucho que ganar con este acuerdo, que puede aportarnos mucho menos miedo y mucho más espacio vital. Todo esto nos lleva al Cementerio Norte de Manila, la megacapital densamente superpoblada de las

Filipinas. El Cementerio Norte representa un nuevo tipo de entorno humano, el cementerio «para vivir», con entre tres mil y seis mil habitantes vivos, muchos de los cuales viven dentro de sus enormes mausoleos y en sus inmediaciones. Los elevados alquileres de la ciudad han provocado que el espacio libre del cementerio sea una opción atractiva para los pobres, pero esta no es una simple historia de miseria. También se trata de una reformulación de la relación espacial que tiene la gente con los muertos.

A medida que aumentaba la población mundial y se iba volviendo más y más difícil ganarse la vida en el campo, las ciudades de todo el mundo fueron creciendo y llenándose de gente. Como resultado del aumento de la demanda de viviendas, los alquileres se han vuelto demasiado caros para mucha gente normal y corriente. Una de las soluciones a este problema es vivir en los cementerios. En Europa o en Estados Unidos no se ve tanto, pero también sucede. Yo tenía un colega que se pasó años viviendo en una autocaravana en un cementerio de Northumberland. Si encuentras el sitio adecuado, es uno de los pocos lugares donde se puede vivir casi gratis. Sin embargo, sigue resultando una opción de vivienda excéntrica.

Hay que ir en dirección este para encontrar comunidades enteras que vivan en cementerios. Se conocen muchos casos en la India, Pakistán, Chechenia y más recientemente Libia, donde casi doscientas familias se han mudado al cementerio de Al-Ghuraba, en Trípoli. La mayoría de los moradores de cementerios son muy pobres y no tienen otro sitio al que ir. Sin embargo, el cementerio habitado más conocido y ciertamente el mayor del mundo, la «Ciudad de los Muertos» de El Cairo, demuestra que estos lugares pueden ser mucho más que simples campamentos de gente desesperada, ya que, con el tiempo, pueden convertirse en economías pujantes y diversas. En los cinco cementerios que componen la Ciudad de los Muertos viven unas cincuenta mil personas en tumbas y otro medio millón en casas construidas entre ellas. Si el lugar fuera un simple campo de lápidas inglés, no habría surgido semejante comunidad. En Reino Unido, las tumbas de gran tamaño escasean y están restringidas a las dinastías ricas; al resto nos toca conformarnos con poco más que un limpiabarros. En cambio, los cementerios egipcios nunca se diseñaron solamente para los muertos. La tradición dicta que las plañideras —en concreto, las parientes femeninas— tienen que vivir cuarenta días con el muerto. Así pues, las tumbas familiares se construían en forma de complejo, con habitaciones anexas y un patio. Egipto también tiene una tradición muy antigua de considerar los cementerios como lugares de reunión entre vivos y muertos. De hecho, es sensato considerar la Ciudad de los Muertos como otro distrito de la ciudad. Tiene tiendas, escuelas y una clínica con maternidad incluida, además de electricidad y agua corriente. Desde que la Ciudad de los Muertos empezó a tener ocupantes permanentes, en los años cincuenta, han nacido allí varias generaciones, a menudo compartiendo la misma tumba con sus padres y abuelos. La antropóloga italiana Anna Tozzi di Marco, que ha estudiado la Ciudad de los Muertos y ha vivido en ella, refuta la idea de que sea un escenario de desesperación. En cambio, retrata un lugar provisto de su propia estructura de clases, una ciudad dentro de la ciudad, donde la gente puede prosperar en la urbe sin tener que pagar alquiler.

La Ciudad de los Muertos es un barrio residencial plenamente desarrollado en el centro de la ciudad. En comparación, el Cementerio Norte de Manila es pequeño y está más especializado. Al igual que la Ciudad de los Muertos, también empezó a poblarse en los años cincuenta y ofrece alojamiento en sus tumbas, aunque no tan palaciego como en algunas de El Cairo. Después de sesenta años de crecimiento, el cementerio de Manila ya tiene distintos barrios, algunos de los cuales han tenido tradicionalmente el mismo nivel de vida que las zonas deprimidas del exterior, aunque ciertamente resultan más seguros. También cuenta con servicios, como varios supermercados, un restaurante e instalaciones deportivas. La electricidad proviene de fuera del cementerio gracias a un tendido ilegal de cables. Sin embargo, aunque la Ciudad de los Muertos parece encajar en la cultura egipcia y emanar de ella, el Cementerio Norte es un lugar mucho más pionero y transgresor. En la Manila católica no existe equivalente alguno a las tradiciones islámica y preislámica de vivir una temporada de duelo que hay en El Cairo, de forma que los residentes del Cementerio Norte se ven a sí mismos como intrusos y gente fuera de lugar. Se esfuerzan mucho por resultar útiles para la vida cotidiana del cementerio, cuidan de los

S.L.N.

mausoleos y realizan tareas como cargar con ataúdes y sellar criptas. No estorban y se mudan a otros lugares el 1 y el 2 de noviembre, los Días de los Muertos, cuando muchos filipinos visitan a sus antepasados. A base de portarse como una comunidad cerrada de vigilantes, los habitantes del cementerio han pergeñado una relación de respeto, aunque algo nerviosa, tanto con los vivos como con los muertos.

Uno de los moradores del cementerio, Bobby Jimenez, le explicó al periodista itinerante Kit Gillet: «A veces cruzamos los muros y paseamos por la calle, pero casi siempre nos quedamos dentro». Y sigue describiendo la naturaleza precaria de la vida en el Cementerio Norte: «En ocasiones hay redadas de la policía, o sea que es importante conseguir el permiso de la familia propietaria de la tumba. Si tienes un papel o una escritura de ellos donde diga que tienes derecho a estar ahí, entonces no pasa nada». Hasta alguien como Clare Ventura, que ha nacido en el cementerio y ha criado a sus tres hijos entre sus muros, dice: «He tenido que aprender a que me guste vivir aquí». «Aquí tengo ocasión de ganar un poco de dinero —explicó en una entrevista a la National Public Radio estadounidense—. Te acostumbras y es más seguro que la mayoría de los sitios de fuera.» Otros moradores de tumbas, como Boyet Zapata, se quejan de que los espíritus inquietos de los muertos recientes pueden interferir con sus vidas y poseer sus cuerpos.

Pero los residentes han llegado a un acuerdo con los difuntos que se basa en el respeto y el cuidado mutuo: ellos velan la última morada de los muertos y, a cambio, los espíritus de estos los dejan en paz (en la mayoría de los casos). Durante los últimos años no han sido los muertos, sino una oleada de okupas, muchos de ellos alcohólicos y drogadictos, quienes han trastornado la paz de los vecinos del Cementerio Norte. Estos intrusos hacen un mal uso de las tumbas, se dedican a pedir dinero a la gente que está de duelo y a interrumpir los entierros. Su conducta hace trizas esa paciencia tan especial que es necesaria para que el Cementerio Norte funcione bien para vivos y muertos por igual. Esta oleada de indeseables también ha llevado a las autoridades a amenazar con echar a toda la comunidad. La expulsión al mundo hostil del exterior sería una injusticia terrible con una gente que lleva generaciones cuidando del lugar; sin embargo, aunque acabe sucediendo, ellos y otros como ellos no tardarán en encontrar la forma de volver. Dado que los alquileres de la ciudad se empeñan en no bajar, para mucha gente, llegar a un entendimiento con los muertos es una de las pocas formas viables de subsistir en la ciudad.

ISLA SENTINEL DEL NORTE

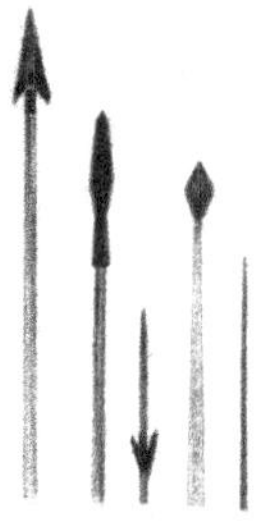

11° 33' 20" N; 92° 14' 77" E

«Hay un grupo de salvajes, más de cincuenta según nuestros cálculos, provistos de armas de fabricación casera, construyendo dos o tres botes de madera. Tenemos miedo de que nos aborden al anochecer. Las vidas de toda la tripulación están en peligro.»

Esta llamada de socorro llegó por radio a la Regent Shipping Company de Hong Kong el 5 de agosto de 1981. La transmitía el capitán del *MV Primrose*, un carguero que se dirigía a Australia y cuya ruta atravesaba la bahía de Bengala. El *Primrose* había chocado contra un arrecife de coral y estaba embarrancado a unos cien metros de una densa jungla. Había naufragado en la costa de la única isla que queda en el mundo habitada en su totalidad por indígenas «sin contacto con el mundo». Son unos cien, y se desconocen su idioma, su religión o sus costumbres. El mundo exterior los llama sentineleses, y viven en una isla redonda de unos ocho kilómetros de ancho. Se trata de la isla Sentinel del Norte, una de la ristra de 361 islas que componen las Islas Andamán y Nicobar, un territorio de la unión de la India que se encuentra a unos mil trescientos kilómetros al este del subcontinente.

El capitán del *Primrose* tenía buenas razones para preocuparse. La respuesta habitual de los sentineleses a los intrusos es una lluvia de flechas. Esa vez, sin embargo, la marejada era lo bastante fuerte para impedir que sus canoas se les acercaran, y sus saetas, que solamente tenían un alcance de cuarenta metros, caían en el agua. Pasó una larga semana antes de que un grupo de helicópteros civiles sacaran de la embarcación a sus treinta y tres tripulantes.

Los resultados de las pruebas de ADN practicadas a algunos grupos tribales emparentados de las Islas Andamán indican que los antepasados de los sentineleses emigraron desde África a las islas hace unos sesenta mil años. Sentinel del Norte es el último reducto de una comunidad muy antigua. La isla no tiene puertos naturales y está rodeada de arrecifes y de marejada durante todo el año. Es una fortaleza para defenderse del mundo. Durante muchos años todos los intentos de acercamiento a la isla se recibieron con el mismo nivel de hostilidad. En 1974 un documentalista recibió un flechazo en el muslo mientras dejaba en la playa una selección de regalos para mostrar su buena voluntad: ollas, sartenes, un cochinillo vivo y varios juguetes. Sin embargo, en los años ochenta y principios de los noventa las autoridades indias iniciaron un plan organizado para ganarse la amistad de los isleños. Una serie de antropólogos y funcionarios locales empezaron a hacer incursiones regulares en la orilla, siempre llevando regalos. Después de varios vacilantes intentos fallidos llegó el éxito. El 8 de enero de 1991, la portada del periódico de Andamán *Daily Telegrams* titulaba: «Primer contacto amistoso con los sentineleses». El artículo contaba que, después de dejar los regalos de costumbre en la costa —esta vez, una bolsa de cocos— y regresar a su lancha motora, los funcionarios presenciaron cómo los sentineleses salían de la selva para recogerlos. La noticia de portada era que esta vez habían salido desarmados. Por la tarde, los indios regresaron y se encontraron con dos decenas de nativos esperándolos. Se observó un leve incidente, aunque significativo: una joven se acercó a un muchacho que apuntaba a los forasteros con un arco listo para disparar y le hizo bajarlo. El joven procedió a enterrar la flecha en la arena. Contento con este aparente progreso, uno de

los funcionarios, el director de Bienestar Tribal, decidió celebrarlo arrojando numerosos cocos a la multitud congregada. Pareció que eran bien recibidos. La única persona que puede afirmar que conoce, aunque sea superficialmente, a los sentineleses, el antropólogo indio T. N. Pandit, explicó a un reportero en 1993: «Puede que no fueran los jefes de la tribu, pero estaba claro que aquellos sentineleses habían tomado la decisión de ser amistosos con nosotros. Todavía no sabemos cómo ni por qué».

Aquella relación incipiente no duró mucho. En 1996 se interrumpieron las expediciones a Sentinel del Norte y desde entonces se ha dejado en paz a los isleños. La política india de no contactar con ellos se vio reforzada al año siguiente por una mala experiencia con otra tribu «no contactada» y tradicionalmente hostil, los jarawas de la isla Andamán del Medio. La «crisis de los jarawas» arrancó a finales de 1997, cuando, después de que se los animara a salir de su reclusión en la selva, estos empezaron a perturbar las costumbres locales entrando «desnudos» en las aldeas y «robando». También cayeron presa de la explotación sexual y del sarampión, una enfermedad que sigue amenazando con extinguir a toda la tribu. El «contacto» con los jarawas trajo toda una serie de quebraderos de cabeza que las autoridades no querían que se repitieran.

Stephen Corry, director de la organización benéfica en pro de los derechos de los indígenas Survival, calculó en 2007 que en el mundo quedaban unas 107 tribus que «apenas han tenido contacto con el exterior». Sin embargo, añadía: «Han permanecido aisladas porque han querido; y no les faltan razones para ello». Aunque solemos asociar estas tribus escondidas con la selva amazónica, casi la mitad de los grupos sin contacto con el mundo están en Papúa Occidental. Muchos de ellos huyen o se esconden del ejército y los colonizadores procedentes de Indonesia, país que trata a Papúa Occidental como si fuera un feudo colonial. Para estos pueblos ocultos, el contacto con el mundo comportaría, en el mejor de los casos, la disgregación de su cultura, pero también es probable que terminaran muriendo como resultado de las enfermedades y los ataques. Otro destino probable para esos pueblos sería convertirse en objeto de la curiosidad de los turistas. Lo que se llama un «primer contacto de pago» —en el que se lleva a los clientes a las profundidades de la selva y se les permite mezclarse libremente con las «culturas absolutamente primitivas» y «sin contacto con el mundo»— es una de las opciones de vacaciones que se ofrecen a los turistas de aventura en Papúa Occidental. En 2006 la BBC entrevistó al jefe de una expedición de «primer contacto», permitiéndole que presentara su discurso y ofreciera una justificación ética. Dijo que todo el mundo sin excepción «tiene derecho a ver a gente como esta». Teniendo en cuenta la trágica historia de las tribus que han contactado con el mundo hasta ahora, se trata de un derecho bastante grotesco. Nadie sabe si los sentineleses son conscientes de que hay otros pueblos indígenas en las Islas Andamán ni de qué ha sido de ellos. En la actualidad esos grupos no suponen más que un 1 % de la población. Los nombres de las muchas tribus extintas forman una letanía de sonidos perdidos: Aka-bea, Akar-Bale, A-Pucikwar, Aka-Kol, Aka-Kede, Oko-Juwoi, Aka-Jeru, Aka-Kora, Aka-Cari, Aka-Bo.

La antipatía de los sentineleses por los forasteros volvió a quedar patente cuando mataron a dos pescadores en 2006. Sunder Raj y Pandit Tiwari habían anclado a cierta distancia de la costa, pero durante la noche se rompieron las amarras de su embarcación abierta y la corriente la arrastró hasta la playa. A primera hora de la mañana otros pescadores se pusieron a gritar para intentar despertarlos, pero no contestaron; las declaraciones posteriores sugirieron que «seguramente estarían borrachos». También se rumoreó que los sentineleses se habían comido a los pescadores aquel mismo día, pero un helicóptero de la guardia costera india que sobrevoló la playa reveló una realidad más prosaica. La corriente de aire que produjeron las hélices dejó al descubierto los cadáveres de los dos hombres, enterrados en unas fosas poco profundas excavadas en la arena. Mientras se realizaba este descubrimiento, los sentineleses se dedicaron a disparar flechas al helicóptero, así que no se hizo ningún intento de recuperar los cadáveres. Más tarde, el jefe de policía de las Islas Andamán aseguró que «cuando la tribu se desplace a la otra punta de la isla, nosotros desembarcaremos con sigilo y recuperaremos los cuerpos». Sin embargo, a fecha de hoy, siguen en Sentinel del Norte.

¿Debería quedar sin castigo la muerte de esos dos hombres inocentes? ¿Por qué resulta tan obvio, hasta para los parientes de los dos pescadores, que presentar cargos contra la tribu no sería un acto de justicia? Sentinel del Norte no forma parte de nuestro mundo moderno y no nos pide nada, solamente que la dejemos en paz. Un documento de lo más solemne del gobierno, llamado *Plan maestro 1991-2021 para el bienestar de las tribus primitivas de las Islas Andamán y Nicobar*, y publicado en 1990 en la capital de Andamán, Port Blair, resulta mucho más sensato de lo que parece. Su conclusión es que «los sentineleses no necesitan la benevolencia de la civilización moderna», y añade que «si necesitan algo, es que no se interfiera con ellos». El *Plan maestro* propone una política de guardar las distancias. «¿Qué derecho tiene el hombre moderno a interferir con la vida tribal totalmente aislada de los sentineleses? ¿Qué derecho tiene a decidir de forma unilateral la imposición de su "amistad" a los sentineleses, que han estado resistiéndose con vehemencia a ella?»

Así pues, ya no se permiten más «regalos», más cocos ni más juguetes, solamente alguna observación de vez en cuando desde lo que el plan denomina una «distancia respetable, digamos unos cincuenta metros desde la orilla». Durante los últimos quince años se ha respetado esta estrategia. No se permite acercarse a nadie. Un día, casi todo lo que los sentineleses conocen y valoran desaparecerá, como les ha pasado a aquellas comunidades que han establecido contacto con el mundo. Pero de momento, la Isla Sentinel del Norte les pertenece a ellos y solamente a ellos.

3

TIERRAS DE NADIE

ENTRE PUESTOS FRONTERIZOS

(GUINEA Y SENEGAL)

12° 40′ 26″ N; 13° 33′ 32″ O

(PUNTO FRONTERIZO)

En una tierra de nadie los lugares ordinarios se vuelven extraordinarios. Estos lugares intermedios nos recuerdan lo mucho que dependemos de las fronteras y el hecho de que nuestro sentido del orden y de la certidumbre se basa en gran medida en saber que estamos en un territorio gobernado. Las tierras de nadie pueden ser franjas enormes de tierra sin reclamar (Bir Tawil) o bien simples retales que han sobrado de la planificación urbana (la isleta de tráfico), aunque su incertidumbre característica se experimenta con mayor intensidad en los lugares que el mundo exterior se niega a reconocer (Twayil Abu Jarwal) o que parecen encontrarse entre fronteras (Nahuaterique). La idea de la posible existencia de lugares perdidos entre fronteras me llevó a embarcarme en una misión de exploración geográfica. Me puse a buscar la mayor distancia posible entre los puestos fronterizos de dos naciones contiguas, para ver lo alejados que podían estar el uno del otro.

La mayoría de los puestos fronterizos están uno frente al otro. Un cambio en la señalización, una bandera distinta o una línea en el asfalto: todo ello se combina para indicar que sales de un país y entras en otro. Pero ¿qué pasa si ese espacio se extiende? Hace ya unos años, y tras muchas horas de descifrar esa letra en miniatura en la que suelen estar escritos los chats de los foros de viaje en Internet, descubrí lo que estaba buscando. Una carretera entre Senegal y Guinea, en África occidental, que separa puestos fronterizos se extiende veintisiete kilómetros. Y no es la única zona fronteriza atenuada del mundo. La más famosa es el paso de Sani, que asciende desde Sudáfrica hasta el reino montañoso de Lesotho. Se trata de una carretera en mal estado, aunque muy visitada por turistas en todoterrenos de camino al pub más elevado de África, que está cerca de la cima del paso. La excitación que produce enterarse de que la carretera discurre por una tierra de nadie intensifica la espectacularidad del trayecto. El puesto de control de la frontera sudafricana, con sus carteles de BIENVENIDOS A SUDÁFRICA, está a 5,6 kilómetros de distancia de la oficina fronteriza de Lesotho. Encontramos otro caso en la zona montañosa que hay entre los puestos fronterizos del paso de Torugart, que conecta China y Kirguizistán. América Central también tiene un buen ejemplo en Paso Canoas, una ciudad que parece estar entre Panamá y Costa Rica. Se la suele denominar «tierra de nadie» porque dejas atrás un puesto fronterizo y ya estás en la ciudad, sin haber pasado por inmigración para entrar en el otro país. Hay visitantes a quienes les gusta pensar que la ciudad que los rodea está más allá de las fronteras. Es por eso por lo que, en parte, Paso Canoas ha desarrollado una atmósfera oscura y carnavalesca, como si fuera una especie de lugar crepuscular o fugitivo.

Lo que hacen estas lagunas geográficas es devolvernos nuestros propios deseos reflejados; y sobre todo el deseo de salir, aunque sea un momento, de la claustrofóbica parrilla de las naciones. Probablemente ya sospechamos que se trata de una ilusión. Avanzar lentamente en una cola de gente y dejar atrás al agente a cargo de los pasaportes no implica salir de un país ni entrar en otro en ese momento exacto. Esos puntos de control existen para verificar que tienes *permiso* para entrar o salir. Su cercanía a la línea fronteriza es irrelevante desde el punto de vista legal. Sin embargo, esta interpretación puramente legal no consigue captar ni la importancia simbólica del punto fronterizo ni el deseo reprimido de entrar en un territorio sin gobierno.

El hecho de que Paso Canoas no esté realmente entre fronteras, sino dividido en dos por la frontera entre Panamá y Costa Rica, no impide a la gente definirlo como «zona fugitiva». Asimismo, el abrupto valle que hay subiendo el paso de Sami está casi por completo en Sudáfrica y la carretera que va de Senegal a Guinea siempre se encuentra en un país o en otro, pero no es así como lo experimentan los viajeros, ni tampoco es eso lo que quieren.

El atractivo de estos espacios intermedios tiene mucho que ver con el hecho de que están en tierra. Cruzar el control de pasaportes en un aeropuerto no produce ni mucho menos tanta excitación, a pesar de que el espacio aéreo internacional sea una tierra de nadie mucho más genuina que todos los polvorientos kilómetros que puedan recorrerse en tierra (véase «El espacio aéreo internacional»). Parece que aquí hay algo más que el mero hecho de escaparse del Estado nación. Entrar en un lugar real —uno en el que puedes andar, perderte y hasta construir y que no está reclamado por nadie— presenta un atractivo primario.

Algunas de las expediciones turísticas por carretera que, de vez en cuando, recorren traqueteando la carretera entre Senegal y Guinea ofrecen la posibilidad de acampar en «tierra de nadie» como parte del paquete. Al igual que otros ejemplos, se trata de una zona que mueve a la gente a reflexionar sobre conceptos como la pertenencia y la filiación. En su ensayo «Life Between Two Nations» ('La vida entre dos países'), el escritor de viajes Matt Brown cuenta que en la frontera entre Senegal y Guinea se encontró con una serie de lugareños cuyos testimonios lo llevaron a reflexionar sobre la naturaleza de la identidad nacional:

> Me detuve con mi moto para charlar con la mujer que estaba moliendo hojas. Le pregunté en francés (porque el fula lo hablo regular):
>
> —¿Esto es Guinea?
>
> —Sí —me contestó.
>
> Sorprendido incluso de que entendiera el francés, le planteé una segunda pregunta:
>
> —¿Esto es Senegal? —le pregunté.
>
> —Sí —fue su respuesta.

Poco después, Brown se sienta en una «roca sin país» y se imagina a los lugareños liberados de las «arcaicas y absurdas fronteras nacionales trazadas hace cien años por los codiciosos líderes europeos durante la conferencia de Berlín». Alejar entre sí los puestos fronterizos parece romper el sello de la unidad nacional. Puede que el vacío resultante no tenga demasiada importancia política, pero a quienes viajan por tierra les crea una sensación de apertura y posibilidad.

Y sin embargo, aunque a los viajeros les pueda gustar esa desorientación, quienes tienen que vivir y trabajar en esos lugares pueden experimentar consecuencias menos positivas, como el aumento de la inseguridad y la sensación de abandono. Esta es una de las razones por las que los Estados africanos están intentando eliminar estos espacios anómalos. El Fondo Africano de Desarrollo, que apoya económicamente proyectos de infraestructuras por todo el continente, ha establecido como prioridad «que existan controles fronterizos anexos en las fronteras» de sus Estados miembros, lo cual incluye la frontera entre Guinea y Senegal. Lo que más preocupa a los miembros del Fondo es el impacto que pueden tener los puestos fronterizos alejados sobre el flujo comercial. En el caso de la ruta Guinea-Senegal se cuentan historias de pesadilla sobre vehículos a los que envían de un lado a otro unos funcionarios que no paran de pedir documentación nueva o de exigir más sobornos. La tierra entre Estados puede convertirse con facilidad en un limbo burocrático donde tanto los viajeros como los nativos se tornan extraordinariamente vulnerables a un funcionariado agotador y corrupto. Las franjas de terreno que quedan «entre» países son espacios libres, pero también son lugares donde recordamos por qué la gente renuncia voluntariamente a las libertades a cambio del orden y la seguridad que proporciona estar dentro de una frontera.

BIR TAWIL

21° 52′ N; 33° 41′ E

Parece increíble que pueda existir un lugar con tan mala fama que no lo quiera nadie. Sin embargo, ese es el caso de Bir Tawil, una franja trapezoidal de desierto rocoso de dos mil kilómetros cuadrados entre Sudán y Egipto. No es solo una tierra de nadie, sino también un lugar activamente despreciado. Parece ser el único lugar habitable del planeta que nadie reclama.

Esa anomalía que supone Bir Tawil nos ofrece una perspectiva nueva de la historia mundial. Me refiero a la historia de los intentos de *no* ocupación de territorios, que se parece bastante a una historia escrita al revés. La reivindicación de la propiedad de un lugar constituye el origen de muchas de las enemistades e identidades del mundo. No es de extrañar que normalmente demos por sentado que los países siempre quieren expandirse; que la frontera, igual que la valla que planta en tu terreno un vecino poco considerado, siempre intenta adentrarse lo más posible en territorio extranjero. Pero Bir Tawil nos recuerda que los países se definen precisamente por sus límites: que la tierra no siempre se desea y que por cada reclamación de un pedazo de territorio tiene que haber muchos actos de rechazo y renuncia.

Si Sudán y Egipto no quieren esta región interior es porque ese rechazo refuerza la reivindicación de una zona mucho mayor y más útil, los casi veintiún mil kilómetros cuadrados del Triángulo de Hala'ib, cuya costa da al mar Rojo. La disputa entre ambos países proviene de la existencia de dos versiones distintas de la frontera que separa Egipto de lo que antes se denominaba el Sudán angloegipcio. Las dos las trazaron los administradores británicos de la zona. La primera data de 1899, es una línea recta de 1.240 kilómetros que cruza el desierto y constituye la frontera que Egipto quiere conservar. Esa primera división entrega Bir Tawil a Sudán, pero mantiene en el lado egipcio el valioso triángulo de Hala'ib. Los sudaneses no aceptan esta frontera y señalan otra, trazada en 1902, que es en su mayor parte recta pero cuando llega a la costa empieza a cambiar de rumbo y le entrega a Sudán una lengua de tierra a orillas del Nilo (llamada el saliente de Wadi Halfa), pero también el Triángulo de Hala'ib. El mapa de 1902 deja ambos lugares en manos de Sudán porque los británicos consideraban que estos estaban vinculados étnica y geográficamente con el sur. Los artífices de ese segundo mapa aplicaron la misma lógica para estirar la frontera hacia el sur y dejar Bir Tawil en Egipto. Consideraron que Bir Tawil pertenecía étnicamente al norte porque los ababda, una tribu nómada que vive en el sur de Egipto, lo usaban como pastos.

Las fronteras de 1902 pasaron muchas décadas sin ser objeto de grandes disputas. A principios de los años noventa, sin embargo, Sudán obtuvo permisos para efectuar prospecciones petroleras en el Triángulo de Hala'ib. Egipto reaccionó ocupando la zona y esgrimiendo su derecho a defender la frontera de 1899. En 2010 un funcionario gubernamental intentó entrar en Hala'ib, al parecer con la idea de que los nativos votaran en las elecciones sudanesas. De haber funcionado, su plan habría reforzado considerablemente la reclamación de Sudán, pero al funcionario en cuestión no lo dejaron entrar y, de momento, parece que los egipcios han conseguido apropiarse del Triángulo de Hala'ib y deshacerse de Bir Tawil.

Entretanto, Bir Tawil se ha vuelto todavía menos deseado. Aunque su nombre significa 'pozo alto', una larga sequía ha despojado

a la zona de su escaso valor agrícola. Las fotografías de los satélites parecen mostrar que, a lo largo de su extensión yerma, no hay ni un solo edificio. Hasta los caminos que recorrían el desierto han caído en desuso, recordatorios medio desaparecidos de que esto era territorio ababda. Esta tribu nómada no prestaba mucha atención a las fronteras nacionales de la región y tenía un patrimonio étnico propio y distintivo. Un número publicado en 1923 del *Journal of the Royal Anthropological Institute of Great Britain* publicó varias fotografías de hombres ababda con melenas tupidas y densamente trenzadas junto a una serie de mitos locales sobre ellos, porque hasta las otras tribus del desierto los consideraban misteriosos y antiguos. Se decía que «si los sigues al interior del desierto», los ababda «se esfuman al cabo de doscientos o trescientos metros». También que su mirada es muy peligrosa para los demás y que «pueden detener objetos en movimiento a una distancia considerable».

Los ababda se han marchado de Bir Tawil, pero una parte importante de su historia sigue arraigada en el lugar. Así pues, afirmar que en Bir Tawil no vive nadie no equivale a decir que no tenga historia o que pueda ser de quien lo quiera. Merece la pena mencionar esto porque el espacio sin reclamar de Bir Tawil se ha convertido en una de las fantasías favoritas de los aspirantes a creadores de naciones de Internet. Ciertamente, hoy en día la información real sobre el lugar ha quedado eclipsada por una miríada de páginas web y disputas en Internet entre los reyes, emires y presidentes ficticios de Bir Tawil.

Todas estas reclamaciones lúdicas malinterpretan la sombría realidad de Bir Tawil, pero resulta difícil criticarlas en exceso. Bir Tawil excita la imaginación geográfica porque confunde las expectativas que tenemos del mundo real y, más específicamente, nuestras expectativas sobre las aspiraciones de las naciones y el propósito de las fronteras.

Parece natural definir el mundo según lo que los países desean, pero la geopolítica también puede plantearse en términos de aquello que nadie quiere. Esto sucede de diversas formas. En primer lugar, tal como hemos visto con Bir Tawil, existen «antirreclamaciones», diseñadas para reforzar reclamaciones positivas. Se trata de un fenómeno bastante frecuente, aunque normalmente hay un destinatario encantado de quedarse con esos lugares que nadie quiere. Las fronteras de China han tenido bastantes casos. Un sumario reciente de la situación mostraba que China ha cedido terreno en diecisiete de sus veintitrés disputas fronterizas vigentes, renunciando a un total de 3,4 millones de kilómetros cuadrados de tierra. En la larguísima disputa entre Grecia y Turquía, cuyas poblaciones estaban antaño entremezcladas pero en el curso del último siglo se separaron en dos Estados independientes y étnicamente distintos, se ha prestado mucha atención a definir qué *no es* «históricamente» griego o qué *no es* «históricamente» turco. El irredentismo de ambos países está plagado de tantos repudios como afirmaciones. En el *quid pro quo* de las disputas territoriales, a menudo declarar falta de interés sobre una región resulta la estrategia crucial.

Bir Tawil suele pasarse por alto en el mapamundi y considerarse una simple rareza, una zona de confusión sin importancia, donde la certidumbre geopolítica se ha fragmentado en una serie de líneas discontinuas. Y, sin embargo, su historia tiene una importancia universal. Porque Bir Tawil es uno de los pocos lugares de la Tierra donde se representa de forma explícita una de las paradojas cruciales de la creación de fronteras. El sentido de estas últimas es la reclamación de territorios, pero en cuanto trazas una frontera ya estás poniéndote un límite. Toda frontera es también un acto de negación y un reconocimiento de los derechos ajenos. En cambio, la reivindicación de quienes no quieren fronteras, muy popular tanto entre los ejecutivos que vuelan en clase business como entre los activistas anticapitalistas, supone una reivindicación de todo el mundo. Las fronteras tienen una relación mucho más ambivalente y compleja con el territorio. Combinan arrogancia con modestia, exigencia con rechazo.

NAHUATERIQUE

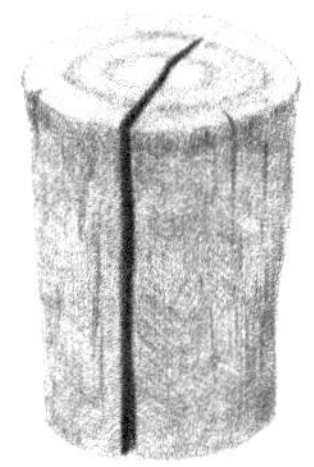

14° 03' 05" N; 88° 08' 57" O

Cada vez que cambian las fronteras, alguna desafortunada comunidad termina en el lado incorrecto de la alambrada y se encuentra de golpe con que se ha vuelto extranjera en su propio país. Esta ha sido la experiencia de los habitantes de la remota región montañosa de Nahuaterique, que El Salvador entregó a Honduras en 1992. La historia de Nahuaterique muestra también cómo, a menudo, los mismos lugares que antes se consideraban tan importantes como para luchar por ellos acaban olvidándose en cuanto se termina la batalla.

Honduras y El Salvador llevan ciento cincuenta años siendo malos vecinos. Gran parte de ese tiempo se lo han pasado luchando por la frontera que comparten. Su conflicto más reciente fue una guerra de cuatro días en 1969. A menudo se la conoce como «la guerra del fútbol», porque vino precedida de una serie de choques entre aficionados de las dos selecciones nacionales en los partidos que estas disputaron durante la segunda ronda clasificatoria del grupo de América del Norte para el mundial de fútbol. La auténtica causa de la guerra, sin embargo, no fue una riña entre aficionados al fútbol, sino la presión demográfica. Durante años iba produciéndose un flujo migratorio de gente sin tierra desde el pequeño y superpoblado país de El Salvador a la vecina Honduras, cuatro veces mayor. Se trataba de gente que buscaba trabajo y tierras para cultivar y que transitaba por una frontera mal definida y disputada. Desde la distancia que da el tiempo, parece que emigraran de un país al otro, pero entonces muchas de aquellas personas no lo veían así. Por lo que a ellos respectaba, solo se desplazaban hacia el este, subiendo a las tierras relativamente vacías de las montañas.

La guerra del fútbol tiene otro nombre más adecuado: la «guerra de los desposeídos». Por inocente que fuera la intención de aquellos colonos, se los trató como a inmigrantes ilegales y ladrones de tierras. Miles de salvadoreños fueron expulsados y se aprobaron nuevas leyes que confiscaban las tierras a los salvadoreños que vivían en Honduras para entregárselas a los nativos hondureños. Fue esta cruel intervención la que inició la guerra. Solamente duró cuatro días, en los que el ejército de El Salvador hizo varias incursiones rápidas y profundas en territorio de Honduras, hasta que la considerable presión internacional lo obligó a retirarse.

Empezó entonces una larga serie de negociaciones fronterizas, que terminaron en el Tribunal Internacional de Justicia de La Haya, y hasta 1992 no se anunció una frontera nueva y definitiva. Casi todo el mundo pareció contento con el resultado. Roberto Hidalgo Castrillo, embajador de El Salvador en Holanda, anunció que podían «celebrarlo con gran alegría». El Salvador perdió Nahuaterique, pero esta no era más que una de las seis zonas en disputa. El hecho de que un puñado de pequeñas comunidades fuera a verse pronto al otro lado de la frontera se consideró un precio pequeño que valía la pena pagar. Doce mil salvadoreños se encontraron de la noche a la mañana en Honduras, mientras que a tres mil hondureños se les informó que vivían en El Salvador.

Los salvadoreños afirman que, desde entonces, la población de las veintiuna aldeas dispersas por Nahuaterique ha sido abandonada por su indolente nuevo propietario. De hecho, el gobierno hondureño no es indiferente a la difícil situación de la región. Como es comprensible, le preocupa tener una tierra de nadie sin ley en su

frontera, pero de momento esta preocupación no se ha traducido en gran cosa. La gente de Nahuaterique casi nunca vota en las elecciones hondureñas y tiene pocos amigos de verdad en la capital del país, Tegucigalpa.

En un artículo publicado en abril de 2013 en el periódico salvadoreño *La Prensa Gráfica*, Siegfried Ramírez recuerda que, de la noche a la mañana, los aldeanos se vieron abandonados. «Cuando la gente oyó por primera vez el rumor de que la tierra donde vivían ya no formaba parte de El Salvador, sino de Honduras —escribe Ramírez—, muchos pensaron que era un chiste malo.» Pronto llegaron funcionarios de Honduras a la zona para exigir a sus habitantes que registraran sus tierras en el país, pero este proceso no llegó a completarse. En consecuencia, solamente una pequeña parte de la tierra que hay en la zona tiene propietarios legales. También se ha tardado décadas en distribuir carnés de identidad, lo cual ha impedido que los lugareños accedan a los servicios básicos del Estado u obtengan permisos de conducir.

Los aldeanos se sienten olvidados, expulsados por El Salvador y repudiados por Honduras. Los servicios públicos y legales disponibles en Nahuaterique son inexistentes o bien impopulares. Aunque se han construido escuelas, hasta hace poco muchos niños preferían caminar tres horas y cruzar la frontera para asistir a la escuela en El Salvador. La frontera de 1992 también puso fin a la principal actividad económica de la zona, que era el suministro de madera a las tierras bajas de El Salvador. De la noche a la mañana, este comercio pasó de ser un negocio legítimo a convertirse en tráfico ilegal. El estatus de la presencia estatal uniformada en la zona es todavía más incierto. La única señal de las autoridades hondureñas es un puesto militar en Palo Blanco, y los soldados que lo ocupan informan de que su único cometido es vigilar la frontera para impedir el contrabando de madera. Los lugareños se quejaron de que sus hijos habían sido víctimas de robos justo delante del puesto militar de Palo Blanco. Cuando se les preguntó a los soldados por qué no habían intervenido, estos afirmaron que la «seguridad de las escuelas» no era asunto suyo y que, en cualquier caso, no podían realizar detenciones.

De forma que, por el momento, la ley ha quedado reducida a un solo hombre, un flaco y nervudo granjero llamado Marcos Argueta.

La Prensa Gráfica informa de que, cuando «camina por el centro de la ciudad, la gente lo mira con respeto». La autoridad de Argueta se basa exclusivamente en unas elecciones locales no oficiales que, sin embargo, lo han señalado de cara a la opinión pública como portavoz del pueblo. «Aquí hay mucha gente que no quería ser hondureña —explica—, pero tampoco han podido marcharse porque no tienen tierras en ninguna otra parte.» Desde la transferencia, cuenta Argueta, «ha habido problemas graves de seguridad. Aquí puede venir cualquiera: traficantes de droga, criminales...». Es una situación que él lucha por controlar. Trata el problema de los borrachos y los bandoleros con una mezcla de justicia dura e idealismo. Junto con «otros hombres de confianza», su técnica para tratar las conductas indeseadas es derribar al delincuente al suelo y atarlo de manos y pies hasta que prometa o bien comportarse o, mejor todavía, marcharse de allí.

Tal es la desesperación en Nahuaterique que doce de sus habitantes iniciaron en 2012 una huelga de hambre «indefinida» delante del Congreso Nacional, en la capital hondureña. En un comunicado de prensa exigían un gobierno regional propio, además de «escuelas, centros sanitarios equipados con personal y medicinas, apoyo a la agricultura y libertad de movimiento para personas y bienes». Era una lista larga pero no fue mal recibida en Honduras, donde la actitud pública y política dominante combina la conmiseración y la negligencia. Aunque el abandono de Nahuaterique es un hecho muy conocido en Honduras, no parece haber ninguna prisa. Se afirma por ejemplo que, desde 1998, a la población de esas tierras fronterizas antaño en disputa se le ha concedido la doble ciudadanía y el privilegio de desplazarse libremente entre ambos países. La viceministra de Interior y Población, Salomé Castellanos, ha aconsejado a los lugareños que dejen de quejarse. Lo que tienen que hacer, les ha dicho, es olvidarse de tener su propia municipalidad y aprender a vivir como hondureños.

Aunque es cierto que la prensa hondureña informa de la difícil situación de la gente de Nahuaterique, suele hacerlo en términos de buenas noticias y progreso continuado. Así pues, los titulares recientes de *Hondudiario* y *El Heraldo* han anunciado el agradecimiento de la gente de la zona al defensor de los Derechos Humanos de

Honduras por dar la cara por ellos, y sus ganas de trabajar duro para crear lo que un vecino citado por el periódico describía al parecer como «un nuevo Nahuaterique, completa y activamente integrado en la vida social, económica y política de nuestra nueva patria, Honduras». Junto con estos pensamientos felices encontramos promesas gubernamentales de construir una comisaría «en los próximos meses» y de destinar un médico a la zona.

Pero aun en el caso de que Nahuaterique se integre «completa y activamente» en su nueva patria, seguirá habiendo preguntas sin respuesta: ¿por qué ha tardado tanto? Después de muchas luchas y de ganar un pedazo de territorio tan grande, ¿por qué Honduras decidió darle la espalda a la región? Parece que, para los hondureños, el lugar carecía de significado más allá de los combates. La situación también sugiere que en Nahuaterique hay demasiados salvadoreños para que la política hondureña se tome jamás a esa región en serio.

TWAYIL ABU JARWAL

31° 19′ 2″ N; 34° 48′ 2″ E

Los lugares no son simples cosas, no son lápices ni regaderas, algo que podamos tirar o reemplazar despreocupadamente. La ferocidad y el ingenio con que la gente se aferra a los lugares que les importan demuestra que estos son un rasgo definitorio de su identidad y que perder el lugar al que uno pertenece puede parecerse a perderlo todo.

En una época en la que suele pasarse por alto la importancia de los lugares, necesitamos acudir a sitios desesperados como Twayil Abu Jarwal, una aldea beduina en el desierto israelí del Néguev, para recordarnos lo urgente y necesaria que es la topofilia. Twayil Abu Jarwal se encuentra al final de un camino sin asfaltar que sale de la pulcramente pavimentada carretera 40 a su paso por el norte de Beerseba. No hay ningún cartel en la carretera que indique cómo llegar a la aldea y tampoco aparece en ningún mapa, y, sin embargo, igual que las otras cuarenta aldeas beduinas «no reconocidas» que hay en el desierto del Néguev, Twayil Abu Jarwal se aferra a este paisaje reseco con testarudez. Los israelíes la han demolido tantas veces que el número exacto varía de manera descabellada según las versiones, pero las estimaciones más conservadoras sugieren que las excavadoras se han presentado allí y han arrasado alguna parte de la aldea entre veinticinco y cincuenta veces. Actualmente, sus cuatrocientos cincuenta habitantes ya no disponen de estructuras permanentes, solamente tienen tiendas de campaña y chabolas de hojalata.

Después de cada demolición, un grupo de aldeanos se reúne para valorar los daños. La activista israelí Yeela Raanan registró la siguiente conversación: «El conductor de la excavadora se ha tomado su tiempo —dice uno—. Ha trabajado despacio y a conciencia, no ha dejado nada en pie, nada». «Esta vez —replica otro—, han enterrado vivos a los polluelos de las palomas.» Y, sin embargo, en cuanto se marchan las excavadoras, la aldea resurge; regresan las chabolas y los senderos; vuelve a ser un lugar, en espera de la siguiente visita de las autoridades israelíes. Una de las aldeanas, Aliya al-Talalká, le contó a un observador de Human Rights Watch que se tarda «cinco o seis días, después de cada demolición, en fabricar estas tiendas». Entretanto, todo el mundo tiene que dormir «al raso en esterillas, como los animales salvajes, con el sol de día y el frío de noche, y con niños pequeños».

Entrevistado en el *Jerusalem Report*, Ilan Yeshurun, un director local de la Administración de Tierras de Israel, explicó esta ronda interminable de demoliciones limitándose a declarar: «Es que no es ninguna aldea». Sin ninguna ironía, añadió: «No existe en ningún mapa ni en ningún registro legal. Los únicos que piensan que es una aldea son los beduinos». En otras palabras: como Twayil Abu Jarwal no existe, puede y debe destruirse una y otra vez a golpe de excavadora.

Las tiendas de campaña de Twayil Abu Jarwal, ondeando como alas negras entre los escombros, constituyen un eco quebrado de la época en que los beduinos del Néguev eran un pueblo nómada y se trasladaban por el desierto con sus ovejas y sus cabras. Ni los gobernantes históricos de la zona, los otomanos, ni después los británicos, durante un periodo breve, importunaron demasiado a los beduinos. El gobierno de Israel fue el primero en interesarse por ellos e inició una política de «sedentarización» y concentración, reubicando a los beduinos en siete pueblos nuevos dentro de un triángulo de tierra del Néguev llamado el Siyag. El plan era transformar aquel pueblo antiquísimo en una comunidad moderna. En 1963, el general israelí Moshé Dayán manifestó su deseo de que llegara un día en que los beduinos constituyeran «un proletariado urbano» y todos ellos «se convirtieran en urbanitas de los que llegan a casa por la tarde y se ponen sus pantuflas». Pero los beduinos llevaron consigo a los nuevos pueblos del Siyag una sensación enorme de pérdida, y no estaban nada preparados para la vida urbana. Pronto aquellos pueblos nuevos pasaron a ser sinónimo de desintegración social, delincuencia y desempleo. Muchos beduinos regresaron gradualmente a su tierra ancestral. Como ya no eran nómadas y tenían una conexión cada vez más frágil con su identidad tradicional beduina, los miembros del clan Al-Talalká decidieron construir la aldea de Twayil Abu Jarwal cerca de su antiguo cementerio tribal.

Los asentamientos como Twayil Abu Jarwal cumplen la función de facilitar un estilo de vida sedentario, pero tal como los beduinos entienden este concepto. La noción del hogar que tienen hoy en día, y que antaño se extendía a todo el desierto del Néguev, ha acabado anclada en estos lugares. Sin embargo, los intentos de llevar a cabo esta transición en sus propios términos se han visto constantemente obstaculizados. El planificador urbano Steve Graham propone la palabra *urbicidio* para describir la política del gobierno israelí hacia los palestinos, refiriéndose al intento de aplastar toda resistencia política destruyendo las infraestructuras físicas y sociales de la vida urbana. Pero los palestinos al menos tienen lugares que les pueden destruir. El problema de los beduinos es que sus aldeas ni siquiera están reconocidas. Lo irónico del caso es que, en tanto que grupo cultural y étnico, los beduinos son objeto de mucha atención. Sus atuendos tradicionales, su comida y otros elementos de interés etnográfico atraen la atención —y hasta el respeto— tanto del turismo como del Estado, pero sin el reconocimiento de sus hogares, el respeto a los simples artefactos no sirve de gran cosa.

¿Por qué nos cuesta entender que a la gente le importe tanto su hogar, aunque este no sea más que unos pocos metros de maleza llena de basura? En parte, esta dificultad nace de que, cuando nos planteamos la tarea de aceptar o «reconocer» a los demás, lo hacemos

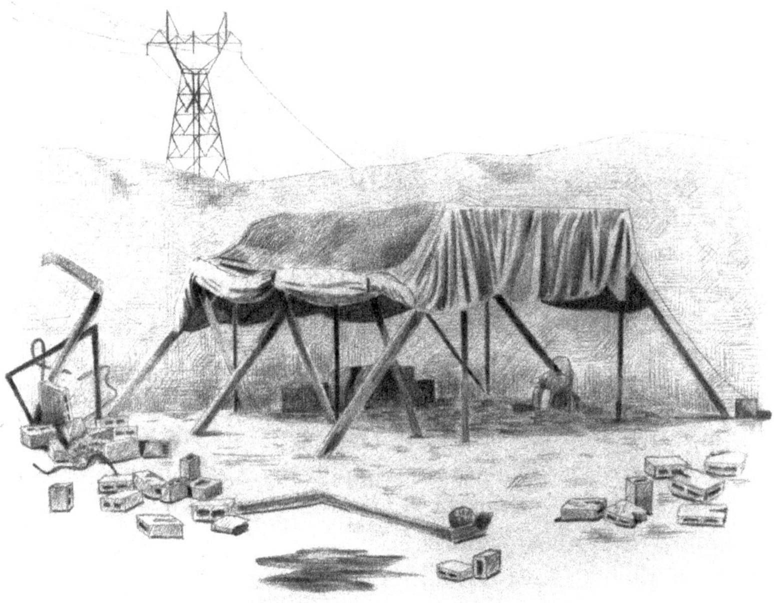

dejando de lado la geografía. El filósofo alemán Hegel afirmó que la gente necesita el reconocimiento ajeno para poder tener una noción de sí misma. Añadió que la conciencia siempre intenta hacerse más pura y depender menos de las toscas condiciones materiales. Y en parte por culpa de estas estrategias, nuestras ideas sobre el significado de la liberación humana se han ido desligando cada vez más de la tierra, emigrando a reinos abstractos y dejando que la geografía se convierta en una simple lista tediosa de datos. La pugna obsesiva por una conciencia libre, filtrada por Karl Marx, fue el marco de referencia de la visión del mundo de los intelectuales anticoloniales del siglo pasado. Jean-Paul Sartre, Albert Memmi y Frantz Fanon convirtieron el mundo colonizado en un hospital de campo de traumas psicosociales. En la actualidad, el dolor y la humillación de los pueblos sometidos han dado forma a toda una serie de topicazos sub-hegelianos sobre el respeto a «los otros» y a la «diferencia». Sin embargo, toda esta atención a la vida interior de las víctimas ha ocultado unas cosas en la misma medida que ha revelado otras, y ha convertido el lugar en un concepto irrelevante o bien en algo inerte y carente de significado.

Los lugares son el tejido de nuestras vidas; nuestra memoria y nuestra identidad están entretejidas con ellos. Si no se tiene nada propio, un lugar al que llamar hogar, la libertad es una palabra vacía. Twayil Abu Jarwal no es más que una aldea en ruinas que confía en ser reconocida algún día, pero su historia —igual que la del resto de las aldeas no reconocidas del Néguev— no tiene una importancia meramente local. Nos recuerda lo necesarios que son los lugares y nos obliga a prestar atención a las batallas que libran quienes buscan su reconocimiento contra quienes intentan negarlos.

Las quejas de los beduinos cobran relevancia por el hecho de que, mientras sus aldeas ilegales nunca consiguen figurar en los mapas, las granjas judías ilegales sí son toleradas por todo el Siyag y el resto de la región. Ya han brotado cincuenta de ellas, muchas provistas de construcciones no aprobadas. Y en vez de derribarlas, el Estado ha facilitado su proliferación. Una de las maneras de facilitarlo ha sido prolongar la carretera 6 hasta el interior del Néguev. En el trazado de esta nueva vía, los planificadores de transporte del país se han limitado a pasar por alto la existencia de las aldeas beduinas no reconocidas. Los planos muestran que la ruta atraviesa limpiamente varias de ellas. Pronto la carretera figurará en los mapas, pero las aldeas que hay debajo de ella y a su alrededor seguirán siendo invisibles. Aunque media docena de aldeas beduinas han obtenido reconocimiento, los planes del Estado israelí para la región incluyen reasentamientos forzosos y demoliciones para el resto. Parece probable que destruirán Twayil Abu Jarwal muchas más veces antes de que sus habitantes o el gobierno se rindan.

Pero ¿qué puede hacerse cuando la demolición es inevitable? A los beduinos se les presenta un dilema. Si desafían una orden de demolición, no les queda más remedio que admitir que han construido de forma ilegal y, por tanto, confesar un acto criminal. Como no tienen adonde ir, si quieren permanecer en sitios como Twayil Abu Jarwal han de seguir una estrategia perversa: la autodemolición. Se trata de una declaración suprema de control, una reivindicación última del lugar. Tal como explicó a Human Rights Watch uno de los vecinos de la aldea próxima y tampoco reconocida de Wadi al-Ne'am: «Cuando vinieron, querían demoler tres casas. Les dijimos: no queremos que causéis el pánico en nuestra comunidad, así que ya las derribamos nosotros. Se quedaron esperando fuera de la aldea mientras nosotros las demolíamos y luego volvieron a entrar para comprobarlo. Nos cansamos de tanta amenaza y, por eso, decidimos hacerlo nosotros mismos».

Ni siquiera este acto de autodestrucción consta en ninguna parte. Porque estos lugares no han existido nunca: la historia de su construcción y demolición, de las familias que se han criado allí y la gente que ha trabajado en ellas, de su cultivo de la tierra y de sus migraciones; nada de todo eso ha sucedido. Los propios beduinos del Néguev tienen miedo de estar desapareciendo. Porque sin sus lugares, ¿qué les queda?, ¿a qué se reduce el hecho de ser beduino? Los lugares no son simples decorados, telones de fondo sobre los que interpretamos nuestras vidas: son parte de nosotros.

ISLETA DE TRÁFICO

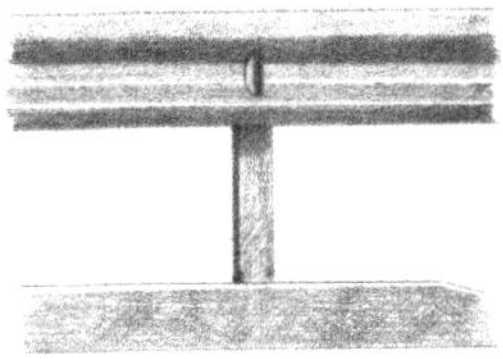

54° 58′ 52″ N, 1° 36′ 25″ O

Estoy contemplando un triángulo de tierra rodeado por todos sus lados de vallas de protección y carreteras con mucho tráfico. Tiene dos esquinas cubiertas de matorrales y arbustos, pero tanto el centro como el vértice más agudo, que queda debajo de un paso elevado, son un simple pedregal. Paso frente a esta isleta de tráfico inalcanzable cada vez que voy andando a trabajar, un trayecto que durante cinco minutos flanquea un tramo de autopista urbana. La veo a través de la alambrada que encierra la autopista, un reino cubierto a medias de vegetación, que no consta en ningún mapa. Parece impoluta: en mi lado de la alambrada hay dos televisores de pantalla panorámica, varios retales de moqueta y una mugre extraña dentro de una bolsa de plástico, pero allí, en ese espacio al que nadie puede llegar, solamente veo arbolitos y grava.

Hay sitios así en todos lados; forman parte de la rutina geográfica del mundo entero. Es fácil pasarlos por alto, pero en cuanto empiezas a fijarte en uno en concreto, ejerce sobre ti una fascinación mareante. Es como si contemplaras un paisaje que resulta invisible para el resto del mundo, un reino íntimo y secreto, rodeado de gente ciega. Este del que hablo está en Newcastle, en el nordeste de Inglaterra, en una autopista de 1,8 kilómetros, la A167(M), que se inauguró en 1975. Conducir por la A167(M) puede ser complicado hasta para quienes conocen bien la ciudad. Alrededor de la isleta triangular, los coches procedentes de las lentas vías de acceso se integran en el denso tráfico que circula a 110 km/h. Algunos de los automóviles que se incorporan tienen que cruzar a continuación tres carriles para llegar hasta su salida, situada un centenar de metros más adelante. Es un paisaje de intensidad lúgubre y rechinar de dientes. No hay tiempo de ver nada que no sea el coche con el que puedes chocar o que puede chocar contigo.

El triángulo que nos ocupa es un retazo sobrante. Las carreteras tuvieron detrás un proceso de reflexión y fueron meticulosamente proyectadas y justificadas, pero la isleta simplemente apareció ahí. Esto no se cumple en todos los espacios verdes de la autopista: las rotondas son igual de inaccesibles, pero se planificaron y en ellas se planta y se corta el césped con diligencia, y a veces se decoran con voluminosas muestras de escultura institucional. Lo que distingue aquellos lugares como mi triángulo es la ausencia de una voluntad que les haya dado forma o los haya creado. Tienen un aire de abandono pero también de independencia, de autonomía respecto a ese hormiguero de automóviles que es la ciudad moderna.

Mi triángulo no aparece en *Diversion* ('Desvío'), el periódico que publicó el ayuntamiento de Newcastle a principios de los años setenta para persuadir a la población local de que era una buena idea que su barrio fuera a verse pronto surcado de autopistas. Al parecer, el director de *Diversion* estaba convencido de que las virtudes de las autopistas de muchos carriles en el centro de las ciudades hablaban por sí mismas. Los bosquejos de pasos elevados que dominaban sus portadas resultaban casi tan poco sugerentes sobre el papel como en la vida real. Los intentos por parte del periódico de suavizar el golpe eran descaradamente simbólicos: «se plantarán mil árboles nuevos», junto con «22.500 matorrales de especies diversas», y la tierra extraída se usará para construir una pista de esquí. Esta última promesa se hizo realidad: durante unos años los mapas de la ciudad denominaron «pista de esquí» a una protuberancia de gran tamaño que había en un parque cercano. Nunca se usó como tal, sin embargo, porque en Newcastle, tanto entonces como ahora, casi nunca nieva.

Las fotografías aéreas de los años sesenta muestran que la zona donde ahora está el triángulo la ocupaban antaño el campo de deportes de una escuela y varias largas hileras de casas georgianas. Todo ello sigue ahí, pero interrumpido, deteniéndose de golpe ante la autopista de dos niveles. Lo violento y lo repentino de la transición crearon una profunda sensación de pérdida. El cisma entre el pasado y el mundo nuevo que se construyó encima jamás se ha curado. Tan pronto se terminó la autopista, empezaron a crearse proyectos comunitarios —y en la actualidad, páginas web— destinados a reunir fotografías, mapas y recuerdos del lugar que se demolió.

La naturaleza arbitraria e innombrable de los retazos modernos como mi triángulo parece burlarse de las antiguas calles, pero el significado de estos lugares sobrantes es inherentemente amorfo y está abierto para siempre a reinterpretaciones. Hoy en día ha surgido en algunas ciudades la moda de bautizar las versiones más accesibles de estos lugares, y hasta de montar en ellas microgranjas y semihabitarlas, aunque todavía no en Newcastle, una ciudad inmune a estas costumbres bohemias. La imaginación creativa posindustrial da vueltas en torno a estos espacios residuales; encajan muy bien con la fascinación académica por los conceptos transgresoramente intermedios. Se trata de una moda que ha generado un montón de neologismos entre los geógrafos posmodernos: *zona muerta*, *espacio sin nombre*, *espacio en blanco*, *espacio liminal*, *vacío urbano*, *terreno vago*, *lagunación* o *desechario*.

Pero se trata de una legión de lugares demasiado grande para que la jerga académica se apropie de ellos. La única obra escrita que realmente tengo presente cuando pienso en mi isleta de tráfico es una novela. *La isla de cemento* de J. G. Ballard trata de un hombre llamado Robert Maitland, que, tras un accidente de tráfico, se ve abandonado en uno de esos lugares.

> Maitland vio que se había estrellado en una pequeña isleta de tráfico, de unos doscientos metros de largo y forma triangular, que ocupaba el espacio sobrante entre el trazado de dos autopistas que convergían.

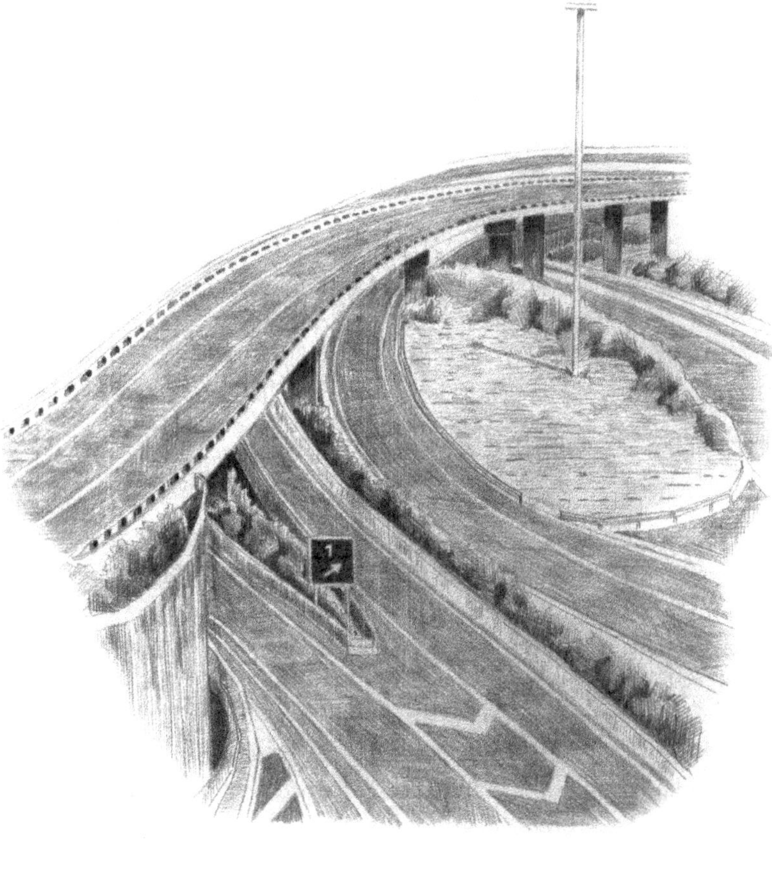
1

La isla de cemento cuenta el viaje de Ballard a las oportunidades y los daños psicológicos que entraña el paisaje contemporáneo. Da igual que la rescatadora en potencia de Maitland, Jane Sheppard, no tenga problemas para salir de allí. Maitland está atrapado porque la isleta induce en él un deseo cada vez más desesperado de construir un significado a partir de la ausencia de lugar. Tiene que quedarse para crear rituales, poner nombres y declamar en las distintas regiones de su nuevo dominio, como «un sacerdote que oficia la eucaristía». «La isla soy yo», declara.

En otro lugar, Ballard escribe: «Más que temer a la alienación, la gente debería aceptarla. Puede ser la puerta de entrada a algo más interesante». Y sin embargo, yo tengo miedo de la alienación, y no me faltan razones para ello. Una de ellas es mi trayecto diario junto a esta isleta de tráfico de Newcastle. Me supone un trauma todavía más profundo que el profundamente personal que se registra en *La isla de cemento* de Ballard, porque es un lugar vaciado de *muchas* historias. Parece que acaben de cortar las hileras de casas y los campos interrumpidos. Se trata de un paisaje mutilado, un lugar que da ganas de apartar la vista, mucho más fácil de eludir que de reconocer.

¿Acaso puedo reclamar esa isla, convertirme en una especie de Robinson Crusoe durante treinta minutos en medio de todo el barullo del tráfico? Tal vez sea la única forma de quitármela de la cabeza y detener esta obsesión potencialmente malsana. Y puede que encuentre algo en ella: una estructura oculta, una trampilla, algún vestigio del pasado. Se ha convertido en una expedición necesaria, así que elijo una mañana relativamente tranquila para llevar a cabo mi peregrinación, el único momento con luz diurna en que puede cruzarse el tráfico. La vía de acceso no trae muchos coches, y la valla de protección que hay delante de la isleta está un poco abollada en un punto, de tal forma que me llega a las rodillas y me permite pasar por encima. Sin embargo, nada más dejarla atrás y llegar a la isleta me siento tremendamente cohibido. Hay varios arces y alisos jóvenes y otros arbustos silvestres. A medida que el tráfico empieza a arremolinarse a mi alrededor, intento mostrarme decidido, como si fuera un funcionario municipal en plena prospección de la biodiversidad, haciendo algo significativo. Pero enseguida me doy cuenta de que aunque puede haber otras isletas de tráfico más abiertas a la exploración, esta ya no se puede recuperar para la humanidad. Aquí no se va a «oficiar la eucaristía». De hecho, siento un fuerte deseo de tumbarme en el suelo para que no me vea nadie. Solamente me detiene la conciencia de que si lo hago me volveré inmediatamente visible, como un cuerpo tirado en el suelo. Cinco minutos más tarde ya estoy fuera del recinto y a salvo, bullendo de energía nerviosa. He llegado a la conclusión de que este lugar en concreto no se puede nombrar, conocer o reclamar con la imaginación. Al menos yo no puedo. La isleta conserva su dignidad pero yo he perdido la mía. Hay muchas otras «lagunaciones» donde es posible que me sonría la suerte. La recolonización de la ciudad sigue pareciendo una tarea necesaria, pero de momento me alegro de marcharme de aquí. Me alejo dando zancadas resueltas hacia la seguridad y en un momento he cruzado la vía de acceso y ya respiro mejor.

4

CIUDADES MUERTAS

WITTENOOM

22° 14' 10" S; 118° 20' 08" E

Los lugares deshabitados son paradójicos. Aunque dan la impresión de que carecen de función, a menudo retienen un poder simbólico considerable. Los ejemplos más crudos son las ciudades vacías construidas con fines políticos (Kijong-dong, Kangbashi, el Parque Arqueológico de la Inconclusión Siciliana), aunque los lugares evacuados por culpa de un conflicto (Agdam) o de un desastre medioambiental (Prípiat, Wittenoom) pueden resultar igual de poderosos.

Situado a trece horas en coche de Perth, Australia Occidental, Wittenoom es un lugar maldito. Dejó de existir oficialmente en 2007. Antaño era un pueblo minero de amianto azul. Según el gobierno estatal, sigue estando contaminado por las fibras carcinógenas. Así pues, se ha borrado de los mapas y se ha añadido a la lista global de pueblos con una sola industria que ha acabado destruyéndolos.

Aunque existe una larga tradición de contemplar las calamidades en términos geográficos, cada vez nos enerva más que nos recuerden la existencia de lugares fallidos o caídos en desgracia. El trayecto desde Sodoma y Gomorra hasta los escenarios de los desastres de la era industrial tardía es también el paso de la geografía moral más estridente e intimidatoria del mundo premoderno a una cultura de la ocultación y la incomodidad. Mientras que antaño las ciudades endemoniadas eran un constante recordatorio del ingenio incansable del mal, los lugares envenenados de la era laica se esconden donde nadie puede verlos. La transición del primer tipo de geografía moral al segundo genera lugares como la ciudad borrada de Wittenoom.

Antes de que las minas cerraran en 1996, en Wittenoom vivían unas veinte mil personas. El pueblo fue desconectado de la red eléctrica en 2006 y el gobierno estatal de Perth empezó a emitir severas advertencias a cualquiera que se planteara ir allí. El decreto oficial detalla el siguiente plan de eliminación:

> —Hay que cerrar lo antes posible el pueblo de Wittenoom.
>
> —Hay que demoler todos los edificios y estructuras de Wittenoom y todas sus infraestructuras asociadas, a fin de eliminar cualquier señal fácilmente visible de que el lugar estuvo habitado.
>
> —Hay que revisar el acceso por carretera a Wittenoom y al desfiladero de Wittenoom, con vistas a su desvío, cierre o eliminación.

Los habitantes de Australia Occidental no esperaban menos. El contacto con cualquier forma de amianto puede ser letal, por muy breve que sea la exposición, y el amianto azul es la variedad más mortal. Cientos de trabajadores, residentes y hasta visitantes de Wittenoom han muerto de mesotelioma y de otras enfermedades relacionadas con el amianto. El subtítulo de *Blue Murder* ('Muerte azul'), el libro de 1989 del periodista de investigación Ben Hills sobre Wittenoom, es *Two Thousand Doomed To Die* ('Dos mil personas condenadas a morir'). Aunque ya se ha demolido gran parte del pueblo, la pura terquedad empresarial mantuvo Wittenoom con vida hasta bien entrada la primera década del siglo XXI. Se pasó años subsistiendo con una población de unas treinta personas, convertido en un pueblo fantasma para turistas (el adhesivo para coches que vendían en la tienda de recuerdos del pueblo decía SOBREVIVÍ A WITTENOOM). Comparado con el silencio mortal de la que llegó a ser la mayor mina de amianto azul del mundo, el pueblo completamente desierto

de Koegas, Sudáfrica (cerrado en 1979), Wittenoom seguía siendo un lugar casi animado. En los últimos años, sin embargo, el número de habitantes permanentes se ha reducido a cinco, y el gobierno estatal ya está decidido a echar de allí a todo el mundo.

Oí hablar por primera vez de Wittenoom en un documental sobre seguridad laboral donde aparecía la leyenda australiana de los espectáculos de variedades Rolf Harris. Este había visitado Wittenoom en 1948 con la idea de pintar el espectacular desfiladero de las inmediaciones del pueblo. Tras descubrir que no se le permitía acceder a los desfiladeros sin registrarse para trabajar, se convirtió, en sus propias palabras, en un minero «completamente inútil». Mientras gateaba por los túneles de escasa altura, Harris experimentó en sus carnes las precarias condiciones de seguridad laboral de la mina, así como la «neblina de polvo» que rodeaba la zona de pulverización de la roca. Por suerte para él, el trabajo le resultaba completamente agotador y no se quedó mucho tiempo allí. Fue su padre el que murió de asbestosis. Es posible que su muerte la causara haber trabajado en una planta nuclear de Perth o haber construido la «fibro-cabaña» familiar, un tipo de casa prefabricada con paredes de amianto popular en Australia durante los años del boom de posguerra.

En la remota región de Wittenoom se empezó a extraer amianto en 1938. El aumento brusco de la demanda durante los años de la guerra hizo que aumentara también la extracción, hasta que, en 1947, la empresa construyó el pueblo de Wittenoom para abastecer de personal las minas de los desfiladeros. En los años cincuenta ya era un asentamiento de tamaño considerable, pero los beneficios empezaron a disminuir porque Wittenoom no podía competir con las gigantescas explotaciones sudafricanas. Su cierre en 1966 fue más un reflejo de las pérdidas que del inicio de las preocupaciones sanitarias. Hasta finales de los años setenta, Wittenoom no fue denunciado abiertamente como el peor desastre industrial de toda la historia australiana.

El gobierno estatal considera prohibitivo el coste de descontaminación de Wittenoom. También le pone comprensiblemente nervioso la idea de volver a llevar gente a un lugar donde todavía se pueden descubrir nuevas fosas de residuos tóxicos. De forma que ha eliminado Wittenoom. Se trata de un tratamiento que se administra regularmente a los pueblos que han sufrido desastres. No consiste únicamente en cerrarlos, sino también en eliminar toda mención a ellos de los carteles, los directorios postales y los diccionarios geográficos oficiales. En la lista de las poblaciones envenenadas están lugares como Prípiat, la ciudad ahora prácticamente abandonada donde vivían los trabajadores de Chernóbil (véase «Prípiat»); Bechyovinka, un pueblo ruso que era una base de submarinos nucleares y que se abandonó por culpa de las fugas de radiación; Centralia, un pueblo minero que dejó de ser habitable por culpa de un incendio subterráneo que empezó en 1962 y que sigue activo (la carretera que lleva al pueblo tiene esta pintada en el asfalto: BIENVENIDOS AL INFIERNO); y Gilman, Colorado, un pueblo de minas de plomo clausurado por la toxicidad de su suelo.

A pesar de su perfil bajo, conocemos los nombres de todos estos lugares. Hasta puede decirse que son famosos, al menos en comparación con los millares de terrenos más pequeños y peor identificados que hoy están contaminados y clausurados. Hablo de lugares que todos conocemos. No hace falta que me aleje mucho de la puerta de mi casa en Newcastle para encontrar terrenos municipales de tamaño considerable contaminados por efecto del plomo, el arsénico, el cadmio o el zinc. El terreno contaminado es algo común. A veces estos lugares ganan cierta reputación a nivel local y se convierten en paisajes intrigantes, tanto para la gente tímida como para los aventureros. Para unos cuantos simbolizan las maldades de la industrialización desenfrenada, pero para la mayoría de la gente parecen evocar algo más difuso, una especie de miedo genérico.

Para los gobiernos que tienen que lidiar con estas manchas en el mapa, hacerlos desaparecer es la solución más obvia y fácil. Sin embargo, aunque todas esas eliminaciones y destierros que estamos presenciando tienen una sólida razón de ser en términos de salud pública, hay otras necesidades humanas a tener en cuenta. No me refiero solamente a la necesidad de mensajes que nos recuerden las tragedias medioambientales, sino a algo más universal y mucho más antiguo. A fin de cuentas, el deseo de otorgar una organización moral al paisaje se remonta a mucho tiempo atrás. Uno de los grandes panfletos ateos de la era victoriana se titulaba *Hell: Where is it?* ('El infierno: ¿dónde está?'). Si nos parece una pregunta extraña, es porque se nos ha olvidado que antaño la geografía desempeñaba un rol central tanto en la moralidad como en la religión. El paraíso, el infierno y todos los demás viajes y destinos de salvación y condenación se entendían como lugares permanentes y realidades cartográficas. Ofrecían un mapa moral que ayudaba a la gente a situarse dentro de un paisaje ético. Parece que las personas necesitamos que la moralidad esté vinculada y arraigada a una serie de lugares concretos e itinerarios específicos. Si nuestras categorías morales se limitan a flotar desvinculadas de la tierra, acabará llevándoselas el viento. La religión solía tratar abiertamente estas cuestiones: satisfacía la comprensible necesidad que tienen las criaturas ligadas a la tierra de que las cuestiones morales estén grabadas en las colinas, así como la posibilidad de viajar de los lugares buenos a los malos y viceversa.

Así pues, en vez de borrarlos del mapa, lo que habría que hacer con los sitios como Wittenoom es conservarlos como manifestaciones visibles de las consecuencias de la codicia y la ignorancia. Forman parte de nuestras vidas y de nuestra civilización, y hay que reconocerlos con una determinación firme y libre de remordimientos. Abolir estos lugares nos deja con un paisaje lleno de retoques engañosos y poco convincentes. Hay que tratar Wittenoom como un monumento conmemorativo y prestarle la clase de atención que se prodiga hoy en día a los escenarios de batallas, aunque desde una distancia segura.

KANGBASHI

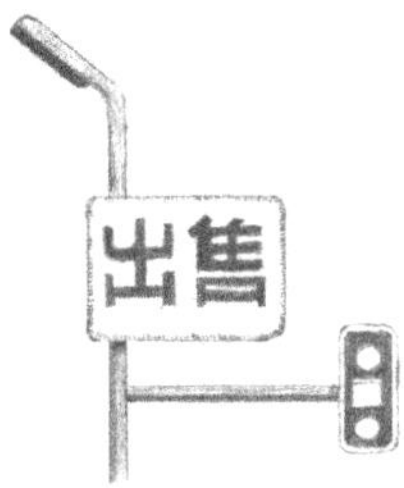

39° 35′ 59″ N; 109° 46′ 52″ E

Tal y como hemos podido comprobar, los lugares tienen poder y este se representa mediante la posesión del lugar. El profundo vínculo que hay entre ambos queda especialmente claro en los paisajes vacíos, como el municipio fantasma de Nueva Kangbashi, en la ciudad china de Ordos.

Oí hablar por primera vez de Kangbashi, un barrio vacío recién construido en pleno paisaje árido de la provincia china de la Mongolia Interior, en 2009. Los periodistas describían calles flanqueadas de bloques altos de pisos, plazas monumentales atiborradas de arquitectura emblemática y, sin embargo, no se veía un alma. Desde entonces se han avistado otras ciudades fantasma chinas, a menudo gracias a las fotografías de los satélites. Gigantescas ciudades nuevas o distritos residenciales recién construidos, pisos esperando habitantes, museos sin visitantes y centros comerciales sin compradores. Como era inevitable, los titulares de las informaciones que acompañaban a las imágenes consistían en funestos pronósticos de burbujas inmobiliarias y colapso financiero. Pero la historia que nos ocupa ahora es todavía más extraña. Si la examinamos con más atención, Kangbashi se revela como una puesta en práctica provinciana y moderna de la antigua geomancia imperial. Un gobierno local se ha construido una grandiosa miniciudad en honor a sí mismo, diseñada para inscribir y garantizar su poder sobre el paisaje y por medio de él. Y en el centro de esta nueva zona se encuentra el gigantesco palacio del distrito. De él surgen avenidas flanqueadas de árboles. Su mole domina el paisaje circundante; el trono de un municipio que se ha enriquecido fabulosamente de la noche a la mañana.

Ordos, nombre mongol que significa 'muchos palacios', se encuentra en el corazón de la región carbonífera de China. El PIB de la ciudad creció de algo menos de dos mil quinientos millones de dólares en el año 2000 a cuarenta y un millones en 2009. Se trata de una ciudad de colonos en pleno pelotazo, donde se están ganando toneladas de dinero mientras todo aquel lo bastante valiente para arriesgarse a obtener su recompensa se dedica a perforar las llanuras vecinas. El paisaje de la región circundante está salpicado de miles de minas. Muchas son explotaciones pequeñas en las que los mineros se meten como pueden por unos pozos sin apuntalar que a menudo no son mucho más grandes que ellos. Son frecuentes los incendios subterráneos y muchos no han podido apagarse. Es un trabajo peligroso pero las recompensas pueden ser enormes. Y tanto los ingresos fiscales como el pago de licencias van a parar a las arcas de Ordos. Todo ese dinero ha ido generando un sentimiento creciente de ambición municipal. La ciudad de Ordos quería pasar de ser un lugar dejado de la mano de Dios a convertirse en algo magnífico.

El mero hecho de llamarse a sí misma «ciudad» ya es toda una osadía, puesto que la mayor parte de Ordos la forman pastos. En su lado este se encuentra el antiguo pueblo de Dongsheng, con sus callejones angostos y polvorientos. Hay que viajar veinticinco kilómetros al sur para llegar al sector fantasma de Kangbashi, pero en ningún momento se abandona Ordos, una «ciudad» de tamaño inmenso pero con una densidad de población de dieciocho personas por kilómetros cuadrado. Solo por comparar, Londres tiene casi cinco mil personas por kilómetro cuadrado, y Manhattan veinticinco mil. Ordos no necesita seguir ninguna norma conocida ni preocuparse demasiado por las consecuencias. Los mandamases de la ciudad desplazaron a casi cuatrocientas familias de campesinos para despejar el terreno donde iba a construirse Kangbashi. Se diseñó para acoger a trescientas mil personas y no se escatimaron gastos. Ofrece apartamentos de lujo, opulentas plazas públicas, parques y dos lagos artificiales que se extienden a lo largo de varios kilómetros.

En 2010 los funcionarios municipales tuvieron que admitir que menos de treinta mil personas se habían mudado a Kangbashi. Los teóricos de la conspiración occidentales detectaron un plan maestro y propagaron el rumor de que, en previsión de una catástrofe global, los líderes del Partido Comunista en Pekín habían ordenado la construcción de un anillo de ciudades para albergar a grupos clave de la población en caso de que el resto del país sufriera un ataque nuclear o una inundación. Una página web de conspiraciones estadounidense explica que «construir una red de ciudades nuevas en ubicaciones estratégicas (como la zona montañosa de Mongolia) es un plan muy inteligente del gobierno comunista chino para albergar a cientos de millones de refugiados». Una explicación más verosímil es que los funcionarios locales del partido planificaron mal las cosas y no se imaginaron el nivel de especulación inmobiliaria que desataría su proyecto. Por toda China, las nuevas y acaudaladas clases medias con dinero contante y sonante se dedicaron a comprar propiedades en Kangbashi para forrarse con el negocio, pero sin ninguna intención de irse a vivir allí.

Y, sin embargo, la situación de Kangbashi no se explica del todo por su economía. A fin de cuentas, la ciudad siguió construyéndose aun cuando ya era obvio que iba a quedarse vacía. Ni la magnitud de sus estructuras ni el tamaño de sus parques y plazas tienen sentido desde un punto de vista económico, y no lo han tenido nunca. Esta también es la historia de un gobierno local que se vio a sí mismo como el Emperador Amarillo de las minas de carbón y se propuso usar el paisaje, como siempre han hecho los emperadores, para mantener su autoridad y anunciar su permanencia.

Desde su palacio municipal, rodeado de calles y museos vacíos, los gobernantes de Kangbashi reivindican la larga tradición imperial de civilizar las tierras yermas. No es casualidad que la ciudad esté planificada a lo largo de un eje norte-sur, el viejo patrón urbano imperial, ni que los edificios municipales tengan el agua en la parte

delantera y las colinas detrás, dado que esta es la disposición más propicia según la geomancia tradicional. El simbolismo se aplica también a los espacios abiertos como la plaza del Sol, que se extiende a lo largo de dos kilómetros hasta llegar a un lago. La plaza está flanqueada de grandilocuentes alegatos culturales, como el resplandeciente amasijo informe de aluminio que es el museo de Ordos, además de una elegante y espaciosa biblioteca y un centro de arte. Todo está construido a una escala inmensa. Y da igual que la ciudad solamente esté poblada por un puñado de turistas desconcertados. Estos monumentos a la creatividad y al aprendizaje expresan y conforman el lugar del poder con la misma seguridad con que lo hacían los caminos sagrados y los templos de la antigua China. Tal es la fe investida en este lugar que hasta se imagina que resolverá, o al menos desplazará, los conflictos políticos. En la plaza de Gengis Kan de Kangbashi hay una estatua enorme del señor de la guerra mongol en compañía de otros colosos de piedra sobre pedestales en reconocimiento a la identidad mongol, como una pareja de caballos encabritados que hace chocar enérgicamente sus cascos. Las relaciones a menudo tensas entre los mongoles y los chinos de la etnia han, que constituyen el 90 % de la población de Ordos pero son mucho menos preponderantes en el resto de la Mongolia Interior, se resuelven por medio de símbolos comunes de ambición e impulso empresarial. No hay ni una sola mención al inmundo trabajo que genera el dinero necesario para pagar toda esta arquitectura tan elaborada.

Construir ciudades sin población ya se ha convertido en una especie de costumbre entre los urbanistas chinos. Están la ciudad desértica vacía de Erenhot, el Nuevo Distrito de Zhengzhóu y muchos otros asentamientos deshabitados que todavía no se han bautizado. Los chinos incluso han construido una en Angola. La Ciudad Nueva de Kilamba está a treinta kilómetros de la capital, Luanda, y ha sido diseñada para acoger a medio millón de personas. Tiene una decena de escuelas y más de setecientos bloques de pisos de ocho plantas, pero está vacía.

Pese a toda la confianza en sí mismos, estos paisajes conjurados tienen un elemento de urgencia, hasta de desesperación. Las ciudades vacías pueden evocar el poder, pero no consiguen afianzarlo.

Hasta cuando representan la arrogante voluntad de la autoridad, señalan en realidad su vulnerabilidad.

A pesar de lo deprisa que crece la población del planeta, es posible que los geógrafos urbanos del futuro acaben denominando los inicios del siglo XXI como la era de las ciudades vacías. En ningún momento del pasado hemos visto construir tantas y a una escala tan magnífica. Toda la cobertura mediática que reciben expresa perplejidad y, en el caso de China, también está llena de *schadenfreude*, uno de los pocos placeres que le quedan a un mundo envidioso que contempla el espectacular crecimiento urbano de ese país y se maravilla de él. A fin de entender Kangbashi, es necesario saber que no se trata únicamente de un paisaje práctico, sino también simbólico: una nueva forma urbana que se nutre de una magia antigua.

KIJONG-DONG

37° 56' 12" N; 126° 39' 21" E

Kijong-dong es un lugar falso donde se encienden y apagan luces dentro de bloques de pisos sin cristales en las ventanas. No vive nadie en él y tampoco se permite visitarlo. Pero las luces funcionan con temporizadores y las calles se barren con regularidad. El pueblo norcoreano de Kijong-dong, también conocido como «el pueblo de la paz», se construyó en los años cincuenta para atraer a posibles desertores de Corea del Sur y también a modo de exhibición del progreso y la modernidad del Estado comunista. La pregunta es: ¿qué lógica implacable lo mantiene en marcha?

Las ciudades simuladas a escala real son un fenómeno poco frecuente. A veces se los llama pueblos Potemkin, en honor al ministro ruso que supuestamente hizo construir una serie de pueblos falsos, donde incluso se encendían las chimeneas, en las tierras recién conquistadas de Crimea. Se dice que así esperaba convencer a Catalina II de que aquella era una tierra próspera y bastante poblada. Por desgracia, esta leyenda no parece muy verosímil. La segunda guerra mundial nos ha dado ejemplos mejores, ya que en ella fueron bastante habituales los pueblos señuelo (véase «Arne»). Hasta llegó a construirse un París falso, destinado a alejar a los bombarderos enemigos de la ciudad de verdad. Aun así, eran señuelos hechos a toda prisa y de cualquier modo, nada que ver con Kijong-dong. La idea de un pueblo falsamente habitado de forma permanente, diseñado para que la gente del otro lado de la frontera crea que las cosas van bien, parece ser exclusiva de Corea del Norte.

El «pueblo de la paz» es producto del armisticio que firmaron en 1953 las dos Coreas. Entre ambos países se creó una franja neutral desmilitarizada de cuatro kilómetros de ancho y a cada uno de ellos se le permitió construir un asentamiento dentro de esta tierra de nadie de doscientos cincuenta kilómetros de largo. El sur decidió conservar el pueblo de Daeseong-dong con sus arrozales. Los norcoreanos eligieron construir Kijong-dong justo delante, aproximadamente a dos kilómetros al otro lado de la frontera. Era mucho mayor que su contrapartida del sur, y las imágenes de Google Earth muestran una urbanización muy extensa, con tres núcleos distintos y granjas entre ellos. Cada uno de los núcleos cuenta con lo que parecen ser casas o edificios públicos enormes, muchos de ellos provistos de jardines de gran tamaño. Aunque no aparece en ningún mapa del país, Kijong-dong se construyó para impresionar. Tanto el tendido eléctrico como los costosos tejados de cerámica azul que coronan muchos de los edificios de cemento proclaman una visión anacrónica del lujo y el éxito. En comparación con las construcciones de estilo campesino con el techo de paja, típicas de la zona en los años cincuenta, Kijong-dong debía de parecer el futuro. Por entonces, el desarrollo inmobiliario a gran escala y la electrificación eran símbolos del progreso comunista, aunque es poco probable que el lugar siga impresionando a los espectadores actuales del sur de la frontera. Saben que Corea del Norte es pobre y también uno de los países peor iluminados de Asia. Las fotografías nocturnas de los satélites muestran todo el país como un vacío negro como el tizón, rodeado de vecinos resplandecientes.

La versión oficial de Corea del Norte es que Kijong-dong es una comunidad próspera que contiene una granja colectiva muy grande (gestionada por doscientas familias) y muchos servicios

sociales, como escuelas y un hospital. Sin embargo, Kijong-dong está tan cerca de la frontera que cualquiera con unos prismáticos puede ver que está vacía. Y no falta gente que la mire. Durante los momentos de respiro de las hostilidades entre ambos países, el paso fronterizo atrae a un flujo continuo de turistas deseosos de cruzar la zona desmilitarizada para entrar en el poco visitado país del norte. A esos visitantes, después de avisarles de que no miren a los ojos a los soldados norcoreanos ni les hagan gestos de ninguna clase, los llevan al pueblo vecino de Panmunjom, que todavía está más cerca de Kijong-dong y desde donde puede verse claramente a lo lejos, por mucho que siga siendo terreno completamente vedado. En Panmunjom no hay nada más que los placeres del «turismo negro». Los visitantes también pueden emocionarse con la advertencia oficial de Corea del Sur de que su breve incursión al otro lado de la frontera «implica la entrada en una zona hostil y la posibilidad de resultar herido o de morir como resultado directo de la acción enemiga».

Otros símbolos propagandísticos más recientes compiten para captar la atención en el horizonte de la ciudad. Un mástil de bandera de casi ciento sesenta metros de altura, levantado en respuesta a otro de cien metros que habían erigido los surcoreanos en Daeseong-dong, fue durante un tiempo el más alto del mundo. Y, sin embargo, Kijong-dong sigue siendo un símbolo poderoso, y hasta hace poco también ruidoso. Hasta 2004, un sistema de altavoces instalados en el interior de sus edificios vacíos dispersaban a todo trapo discursos de denuncia y óperas patrióticas por los campos vecinos, casi ininterrumpidamente, día y noche. Después de unos años de silencio, en 2010 los altavoces volvieron a sonar, poco después de que los norcoreanos hundieran un submarino de Corea del Sur, matando a cuarenta y seis de sus tripulantes.

Kijong-dong puede parecer una excentricidad, y sin embargo forma parte de una tradición de espectáculos arquitectónicos vacíos muy propia del siglo xx. De Moscú a Pekín, los regímenes comunistas se dedicaron a erigir edificios tan monumentales como monumentalmente inútiles. Se construían a modo de expresión de fervor revolucionario y de la permanencia del nuevo orden. ¿Cómo entender si no las mil cien habitaciones que tiene el Palacio del Parlamento de Bucarest (alias «la Casa de Ceaucescu»), el segundo mayor edificio del mundo, y que todavía se estaba decorando y amueblando cuando a Nicolae Ceaucescu lo echaron del poder en 1989? ¿O el monumento Buzludja de Bulgaria, un gigantesco tributo al comunismo en forma de nave espacial, lleno de murales de colores vivos, que se encuentra, remoto e inaccesible, en lo alto de una montaña? Kijong-dong forma parte de una larga tradición de propaganda arquitectónica chapucera. Es una tradición que celebra el simbolismo por encima de la utilidad, el gesto por encima de la sustancia. Parece buscar desesperadamente la admiración, pero, eso sí, desde lejos: se trata de un síndrome psicopolítico que no solamente genera falsificaciones, sino que las mantiene con cariño.

Por toda Corea del Norte abundan los monumentos a la prosperidad y el progreso. Por ejemplo, un Arco de Triunfo, el mayor del mundo, se eleva por encima de una autopista prácticamente desierta. Construido en 1982, tiene inscrito el «Cantar del general Kim Il-sung» y está hecho con 25.550 ladrillos, uno por cada día de la vida de Kim. También están las dos gigantescas mujeres de piedra que forman el arco del monumento de la Carta de Tres Puntos para la Reunificación Nacional, que también se eleva sobre otra carretera vacía. En las alturas de la capital, la torre Juche, de ciento setenta metros, conmemora el setenta cumpleaños del hombre que llevó al país a su peliaguda situación actual, Kim Il-sung. En la actualidad la torre se dedica a hacer de espectadora de desfiles militares en los que se pasean misiles falsos para solaz del maravillado mundo.

Como parte de sus esfuerzos fallidos para acoger como coanfitrión los Juegos Olímpicos de 1988, que terminaron celebrándose en Corea del Sur, los norcoreanos también construyeron toda una serie de cavernosos y apenas usados estadios deportivos. En la capital, Pyongyang, la calle Chongchun cuenta con un gigantesco estadio de tenis de mesa, un pabellón de balonmano y un palacio de taekwondo. Lo más espectacular de todo, sin embargo, es el hotel Ryugyong de Pyongyang, de 105 pisos, el edificio más alto del país y uno de los mayores del mundo. Esta colosal pirámide domina la capital. Su construcción se inició en 1987, pero sigue sin acabarse y no es probable que vaya a atraer a los turistas e inversores extranjeros para los que supuestamente se diseñó. Es otra falsificación, una ruina nostálgica del futuro que finge, como Kijong-dong, que quiere atraernos hasta ella pero en realidad no desea que se le acerque nadie.

AGDAM

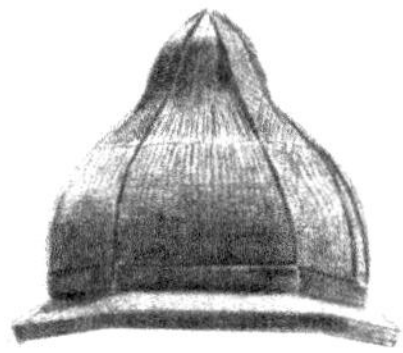

39° 59′ 35″ N; 46° 55′ 50″ E

Agdam es la mayor ciudad muerta del mundo. Es un paisaje de ruinas. Alrededor de la mezquita central, uno de los pocos edificios que todavía tienen tejado, se extiende la destrucción. Si contemplas Agdam desde Google Earth, puedes llegar a pensar perfectamente que acaba de caerle encima una bomba nuclear.

Agdam fue víctima de la guerra entre Azerbaiyán, Armenia y sus respectivos aliados étnicos por el cercano enclave étnico de Nagorno-Karabaj (Karabaj para abreviar), y en 1993 fue primero abandonada y luego bombardeada sistemáticamente. Entre 1992 y 1994 miles de personas murieron en toda la región durante las brutales batallas étnicas, mientras el resto del mundo todavía celebraba la caída de la Unión Soviética. Karabaj vio algunos de los más cruentos baños de sangre. Ya desde el principio se emitieron partes de guerra contando que se estaban arrancando cabelleras, decapitando y mutilando a civiles, incluidos niños. Además de los muertos, hubo tres millones de desplazados, entre ellos todos los antiguos habitantes de Agdam.

La estrategia de destruir lugares hasta arrasarlos es característica de la guerra total moderna, en la que se da por sentado que la destrucción absoluta de los centros de la civilización y la vida civil del enemigo causará la aniquilación de su voluntad de luchar. La magnitud de los bombardeos es, por tanto, un perverso tributo al rol primario que tiene el lugar en la identidad humana. Lo más habitual es que solamente se destruya el centro de la ciudad, que se reconstruirá a toda prisa tras el final de la guerra. El hecho de que Agdam fuera destruida por completo y lleve tanto tiempo así, además de tratarse de algo relativamente reciente, la convierte en un caso distintivo. Hace unas décadas, Agdam era una ajetreada capital regional, conocida por la animación de su bazar y por su pintoresco museo del pan. Aunque era una ciudad predominantemente musulmana, también tenían mucho renombre sus bodegas de vino. La Compañía de Coñac de Agdam tenía un siglo largo de historia. En la actualidad el único recordatorio que queda del pasado de la ciudad es un tipo de vino generoso que se bebe en algunos de los países ex soviéticos y que se conoce como *Agdam*. Es el mismo brebaje barato y fuerte que los rusos llaman *vino gangoso*.

Agdam no recibe muchas visitas. Las crónicas de los pocos viajeros que han llegado allí cruzando los campos de minas describen un paisaje apocalíptico. Presento a continuación extractos breves de dos de esas crónicas de blogueros de viajes, la primera de Justin Ames y la segunda de Paul Bradbury:

> Una cosa que llama la atención enseguida es la *escala* de la destrucción. Cada vez que crees que te acercas al margen de la ciudad o al final de una calle, coronas otra loma o doblas otro recodo y se despliega ante ti otro campo enorme de destrucción.

> En esta ciudad donde antes vivían cincuenta mil personas solamente vimos a quince civiles (una madre y sus dos hijos recogiendo bayas, que crecían silvestres en la calle principal; una pareja de ancianos con su nieta escarbando en busca de leña; los demás recogían chatarra). [...] En una verja rota vi el número 50. La casa número 50 pero ¿de qué calle? No había más identificación a la vista. Hasta se había excavado para arrancar las tuberías del subsuelo.

Lo más significativo de estas crónicas es su tono de sorpresa. Todas repiten a coro: «Jamás había oído hablar de Agdam». ¿Cuántos podemos decir que sí la conocíamos? ¿O dónde demonios está eso de Karabaj? Mientras los desarrapados márgenes de la antigua URSS se transformaban en un delta cambiante de enemistades, al mundo de fuera le sobrevino geoamnesia inducida por el shock. En Norteamérica y Europa los topónimos de la región, impronunciables e imposibles de ubicar, revolotean a menudo por las noticias, pero la gente los olvida al instante. A cualquiera que tenga cierta edad le costará creer que pudiéramos malinterpretar completamente algo tan grande y sólido como la URSS. Aun cuando ya ha pasado casi un cuarto de siglo, cuesta asimilar que jamás llegara a ser un país, que solamente fuera un imperio difícil de manejar.

Agdam es una fuente inagotable de sorpresas, en parte porque sigue en el olvido. En cambio, para los armenios y para los azeríes (la etnia mayoritaria de Azerbaiyán) es un poderoso recordatorio de lo que a ambos bandos les gusta definir como una antiquísima disputa territorial entre víctimas y agresores. Los armenios, fieramente cristianos, tienen razones para sentirse rodeados de enemigos. Azerbaiyán, su vecino del este, es un estado turco y un aliado incondicional de Turquía, su vecino del oeste, que no solamente niega toda responsabilidad en el genocidio armenio de 1915, sino que encima presenta cargos contra la gente que habla en público del tema apoyándose en una ley que prohíbe los insultos a la nación turca. Pero los pueblos turcos de esta región también tienen su propia historia de persecuciones y genocidios. Ellos también han sido víctimas de incontables matanzas étnicas, por ejemplo en Karabaj.

Nada más adueñarse de esta región en guerra, a principios de los años veinte, los bolcheviques llegaron a acuerdos para ganarse a los principales grupos nacionales. Primero prometieron Karabaj a los armenios, pero luego, para congraciarse con Turquía, se lo dieron a Azerbaiyán. Más que resolverse, aquellas enconadas disputas fueron aplastadas. Pero los conflictos fueron saliendo a la luz pública a finales de los años ochenta, cuando se desataron protestas por todo Karabaj exigiendo que terminara el control de Azerbaiyán. El Kremlin se negó a consentir cualquier cambio del *statu quo*, pero cuando la URSS se derrumbó, cayeron también los frenos que contenían el conflicto étnico.

En esta disputa, se eligió Agdam para que recibiera un escarmiento especial por su ubicación estratégica, cerca de Karabaj. Pero también acabó en el punto de mira por haber sido el escenario de las protestas callejeras contra la escisión de Karabaj a finales de los años ochenta. En 1988 estallaron combates callejeros entre las etnias armenia y azerí en Agdam y sus alrededores. Agdam se convirtió en símbolo de la militancia y la resistencia azeríes. Al parecer fue el recuerdo de este episodio lo que unos años más tarde llevaría al ejército proarmenio de Karabaj a infligir allí una venganza tan destructiva. La explicación que dio el ejército de Karabaj resultó muy poco convincente: alegaron que Agdam se estaba usando como base militar. Sin embargo, la ciudad estaba mal defendida, no tardó en caer y su población huyó ante el avance de las tropas. A continuación, los invasores se retiraron y se dedicaron a bombardear sin parar la ciudad vacía con artillería, hasta que prácticamente no quedó un solo edificio sin destruir. También atacaron otras poblaciones de la región, pero el asalto a Agdam, tanto por su magnitud como por su exhaustividad, sigue siendo notable. Hoy en día la guerra permanece en suspenso pero hay pocas señales de que el conflicto haya terminado.

Los armenios saben muy bien que casi todas las atrocidades acaban olvidándose. Karabaj declaró su independencia tras sus éxitos militares y, aunque no esté reconocido por ningún país —ni tan siquiera por su nación hermana, Armenia—, en la actualidad es un Estado soberano de facto. Los karabajíes sostienen que conservarán Agdam, y el resto de lo que ellos llaman su «cinturón de seguridad», hasta que Azerbaiyán reconozca su independencia. Pero esto sigue siendo una posibilidad muy remota y, entretanto, los azeríes no pueden hacer otra cosa que aferrarse a una etiqueta distinta, no solamente para denominar el «cinturón de seguridad», sino todo Karabaj: «Azerbaiyán ocupado por armenios».

Las reclamaciones políticas son completamente opuestas y, mientras, la ciudad en ruinas se desintegra. En el interregno previo al estallido de la siguiente oleada de violencia, se han dado pequeños pasos hacia la rehabilitación, y en 2010 el gobierno de Karabaj anunció que la mezquita central se había restaurado parcialmente. Sin embargo, no parece que pueda obtenerse mucha propaganda de la restauración de un solo edificio en medio de una ciudad devastada. De hecho, incluso este gesto ha suscitado amargas recriminaciones. Los medios de comunicación de Karabaj se hicieron eco de reacciones a pie de calle del tipo: «Si los azeríes destruyeron nuestros cementerios e iglesias, ¿por qué estamos restaurando sus mezquitas?».

Tanto la naturaleza total de la destrucción de Agdam como el largo periodo que lleva desierta la han consolidado como un lugar emblemático de sufrimiento y rabia. A ese dolor se le añade la incapacidad o falta de voluntad del mundo exterior para prestar atención a la calamidad de Agdam o de Karabaj. La única reconstrucción real que se ha llevado a cabo es simbólica, al menos para los aficionados al equipo de fútbol local de Agdam. El estadio de Imaret, construido en 1952, albergaba al FK Karabaj Agdam, pero fue destruido junto al resto de la ciudad y el equipo se disolvió. Más adelante, sin embargo, el equipo se convirtió en un símbolo cultural de los refugiados azeríes de la región y, gracias a la ayuda financiera procedente de fuentes tanto turcas como azeríes, el club renació y ahora juega en la primera división de Azerbaiyán. Es uno de los equipos con más éxito del país y ha llegado varias veces a las competiciones europeas. Hasta se le ha encontrado una nueva «sede» en Azerbaiyán. Su éxito contrasta con la mala fortuna del que llegó a ser uno de los principales clubes de la URSS, el FK Karabaj Stepanakert, con sede en la capital de Karabaj. Al no poder disputar las competiciones internacionales, el equipo se ha ido debilitando, en la actualidad no tiene dinero y depende por completo de los aficionados locales. Parece una parábola: la ciudad fantasma aclamada por todo lo alto frente a la decadencia del ufano vencedor. Pero el éxito futbolístico no es ningún consuelo para quienes han perdido su ciudad. La aniquilación de los lugares tiene consecuencias tanto para sus víctimas como para quienes la perpetran, y hasta que la ciudad muerta de Agdam se reconstruya seguirá suscitando odio y violencia.

PRÍPIAT

51° 24′ 20″ N; 30° 03′ 25″ E

El reverso de la urbanización es la fantasía de que un día la naturaleza regresará y cubrirá de flores el cemento hostil de la ciudad. Sin embargo, como nuestra capacidad para envenenar la tierra ha mejorado tanto, este paisaje de fantasía ha enfermado. Aunque es cierto que la naturaleza ha regresado para reclamar la ciudad ucraniana de Prípiat, la explicación es básicamente que los niveles de radiación en ella son tan altos que ha sido necesario evacuar a todos los humanos.

A menos de tres kilómetros de Prípiat está la central nuclear de Chernóbil. Una tarde de abril de 1986, los habitantes de Prípiat oyeron el siguiente comunicado por su emisora local de radio: «Se ha producido un accidente en la central nuclear de Chernóbil. Uno de los reactores atómicos ha sufrido desperfectos. Se ha creado un comité de investigación gubernamental y se va a suministrar ayuda a todos los afectados». Ese mismo día, sus cuarenta y cinco mil habitantes fueron empaquetados en un millar de autobuses, sin tiempo siquiera para hacer las maletas. Dejaron la ropa en los armarios, los juguetes en los cochecitos vacíos y abandonaron a sus mascotas. Les dijeron que solamente estarían tres días fuera, pero jamás volvieron. Hasta los tanques y los helicópteros de la unidad local del ejército se quedaron donde estaban. Tal como sabemos ahora, los habitantes de Prípiat tendrían que haberse marchado antes, y podrían haberlo hecho. Hacía tres días que había explotado el reactor número 4, pero el accidente se había mantenido en secreto, dejando a la ciudad sumida en unos niveles mortales de radiación que tendrían consecuencias trágicas no solamente para sus habitantes, sino también para las generaciones siguientes.

Después de 1992 y del desplome de la Unión Soviética, la seguridad en las instalaciones de la central nuclear se vino abajo y Prípiat fue presa de los saqueadores, que se llevaron hasta el cableado y el linóleo. Pero aunque la vida humana abandonó Prípiat, durante los años siguientes la naturaleza regresó con ímpetu. Hoy en día, las raíces de los árboles jóvenes han resquebrajado las calles y los edificios. El asfalto y el cemento en descomposición están cubiertos de musgo y de hierba, y a medida que se embozaban los desagües de la ciudad, cada primavera las zonas pavimentadas se convertían en lagunas después del deshielo. Sigue en pie un parque de atracciones, con su noria y todo, cuya inauguración estaba prevista para el 1 de mayo de 1986 y que ahora se oxida en medio de las malas hierbas.

El viejo sueño ha regresado para burlarse de nosotros. En 1890, William Morris escribió *Noticias de ninguna parte*, donde se deleitaba en una visión de la ciudad engullida de nuevo por la naturaleza. Su libro profetizaba que los londinenses se rebelarían contra la fealdad de sus calles y crearían «un lugar hermoso, ahora que los árboles han tenido tiempo de volver a crecer después del gran derribo de casas de 1955». Era una idea poderosa, que se alimentaba de una creciente atmósfera de hartazgo de las ciudades. A medida que el mundo quedaba cubierto de aglomeraciones urbanas cada vez mayores, el deseo de que la naturaleza se vengara fue volviéndose cada vez más emocionante y peligroso. Pero Morris, el profeta antiindustrial, jamás podría haber imaginado que la venganza de la naturaleza tendría este aspecto. Se calcula que Prípiat volverá a ser un lugar seguro para la vida humana dentro de unos novecientos años. Los niveles de radiación son tan altos que se desaconseja toda visita, por breve que sea, y la zona de exclusión que rodea la central, oficialmente conocida como «zona de alienación», abarca dos mil seiscientos kilómetros cuadrados, una superficie mayor que la de Luxemburgo. Los lugares más peligrosos son los interiores de los edificios, donde se han acumulado el polvo y los escombros contaminados. Jill Dougherty, una periodista estadounidense afincada en Moscú, recuerda un trayecto en coche por Prípiat: «Reina un silencio absoluto: es la experiencia más extraña que he vivido nunca». Y continúa describiendo unas aceras «conquistadas por el musgo y el sotobosque» y «unas casas literalmente podridas [...] Se oye el ruido de las goteras traspasando los techos».

En sus inicios, Prípiat fue una ciudad soviética modélica. Empezó a edificarse el 4 de febrero de 1970 y la «construcción relámpago» soviética no tardó en crear un hogar común para todas las distintas nacionalidades soviéticas que se dieron cita allí. Los nombres de las calles —dos de las cuales se llamaban «Entusiastas» y «Amistad entre los Pueblos»— reflejaban la diversidad de Prípiat. Era una ciudad luminosa de amplias avenidas y bloques de pisos modernos, muchos de ellos decorados con azulejos de cerámica. La edad media de sus habitantes era de veintiséis años, y cada año nacían más de un millar de niños. Un antiguo vecino recuerda con orgullo: «Solamente en esta ciudad podían verse auténticos desfiles de cochecitos de niño todas las tardes, cuando la gente salía a pasear con sus bebés».

Durante una temporada pareció que nada podría sobrevivir al peor accidente nuclear del mundo. Justo después de la explosión, todo se vio afectado, a menudo de formas extrañas y asquerosas. Se disolvieron embriones de animales y a los caballos les reventaron literalmente las tiroides. Una gran zona de pinares en pleno terreno afectado por la radiación pasó a conocerse como el «bosque rojo», porque los árboles cambiaron de color antes de morir. Hoy, sin embargo, vuelve a ser un bosque verde. Muchas plantas se han adaptado deprisa al nuevo entorno. Un estudio comparativo de dos cultivos de soja, uno plantado a cinco kilómetros del reactor y el otro a cien, ha revelado que la cosecha del primer cultivo se encontraba muy contaminada y pesaba la mitad de lo que debía, pero también que estaba experimentando una serie de adaptaciones moleculares. Por ejemplo, en comparación con las plantas no afectadas, esta soja

contenía el triple de una enzima (llamada cisteína sintasa) que las protege contra el estrés ambiental.

Entretanto, la ciudad y su zona de exclusión circundante han sido colonizadas por toda clase de animales. El radioecólogo Sergéi Gaschak señala que «hay muchos nidos de aves dentro del sarcófago», la cubierta de cemento que se construyó en 1986 para cubrir los restos del reactor. En el epicentro del desastre ha observado «estorninos, palomas, golondrinas y candelitas; he visto nidos y he encontrado huevos». Un recuento de individuos y de especies de la fauna local realizado a mediados de la primera década del siglo XXI reveló que había doscientas ochenta especies de aves y sesenta y seis de mamíferos, así como un total de siete mil jabalíes, seiscientos lobos, tres mil cuervos, mil quinientos castores, mil doscientos zorros, quince linces y miles de alces. También se han encontrado huellas de osos. Esto supone una verdadera sorpresa en esta parte de Ucrania, donde hacía ya muchos años que no había osos.

Mary Mycio, cuyo libro *Wormwood Forest* ('Bosque de ajenjos') es una historia natural de la zona muy leída, sostiene que «la radiación de la superficie es muy propicia para la vida silvestre». La razón es sencilla: «Obliga a la gente a abandonar la zona contaminada». Al hablar de la zona más amplia de exclusión, afirma que es «un páramo radiactivo que rebosa de vida».

Y, sin embargo, sería extraño que Prípiat y su entorno solamente resultaran nocivos para los seres humanos. Otra forma de considerar la zona es como un entorno de naturaleza mutante. Puede parecer que la flora y la fauna «rebosan de vida», pero lo único que genera esa impresión es el simple recuento de especímenes en comparación con las ciudades normales. Timothy Mousseau, profesor de biología en la Universidad de Carolina del Sur, que ha estudiado la zona en profundidad, admitió ante *National Geographic News* que «una de las grandes ironías de esta tragedia en concreto es que muchos animales viven considerablemente mejor que cuando había humanos allí». Pero también advirtió de que «sería una equivocación» llegar a la conclusión de que esto quiere decir que no están sufriendo. De hecho, la investigación de Mousseau muestra que el ritmo reproductivo de las aves locales está muy por debajo de la media, y las conclusiones de otros estudios revelan daños hormonales en los árboles, muchos de los cuales crecen con formas extrañas y retorcidas. La mutación de los receptores del crecimiento de los árboles implica, en palabras de James Morris, colega de Mousseay, que «les está costando horrores averiguar en qué dirección está arriba». Otros trabajos han mostrado reacciones todavía más extrañas, como por ejemplo que los gusanos de agua dulce cambien de la reproducción asexual a la sexual.

Resulta difícil saber si estos cambios son señales de daños, de adaptación o de ambas cosas, pero sí nos dicen que la zona no es ningún jardín del edén. Cuando visitó la zona en 2005, el presidente de Ucrania, Viktor Yuschenko, planteó la idea de convertirla en una reserva natural. Las autoridades locales llevan desde entonces calibrando la idea del parque natural nacional de Chernóbil. Paradójicamente, el presidente propuso al mismo tiempo que la zona se usara para almacenar residuos nucleares extranjeros. Aunque enseguida le obligaron a abandonar esta última idea, lo que quedó bastante claro es que Ucrania está intentando sacar réditos económicos de la zona de exclusión. Todas las «buenas noticias» relativas a la abundancia de flora y fauna se usan para sugerir que la zona revive con más fuerza que nunca, y que la radiación letal y la biodiversidad se llevan de maravilla.

El sueño de la ciudad que regresa a la naturaleza es persistente. Cuando más urbanizamos y arrasamos la naturaleza, más nos atormenta esta y es más probable que sintamos un extraño placer al ver las aceras y los edificios hechos pedazos por las raíces de los árboles. Eso mismo está pasando en Prípiat, pero el problema es que el sueño no ha ido como debía. William Morris albergaba la esperanza de una relación equilibrada entre la gente y la naturaleza. En 1890 todavía podía suceder, y es posible que llegue el día en que acabe ocurriendo. Entretanto, sin embargo, las calles invadidas de vegetación de Prípiat simbolizan el abandono de esa esperanza. Se suponía que formábamos parte de esta historia: recuperar algo, volver a unirnos con algo que habíamos perdido. Prípiat señala un futuro alternativo.

EL PARQUE ARQUEOLÓGICO DE LA INCONCLUSIÓN SICILIANA

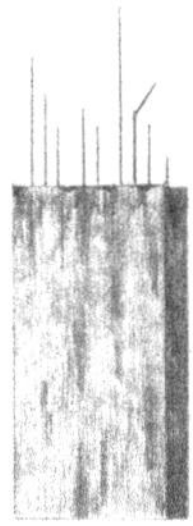

37° 43' 37" N; 15° 11' 02" E

Los lugares modernos están hechos a base de acumular visiones incompletas del futuro y el resultado es un estado permanente de transitoriedad. Giarre, un pueblecito costero de Sicilia situado a la sombra del Etna, ofrece una de las concentraciones más asombrosas de grandes planes arquitectónicos inacabados de todo el mundo. Un grupo de artistas italianos bautizó a este pueblo dentro del pueblo como «Parque Arqueológico de la Inconclusión Siciliana» y se le ha quedado ese nombre. En él pueden encontrarse hasta veinticinco proyectos inacabados, construidos entre mediados de los años cincuenta y la primera década del siglo XXI, muchos de tamaño considerable, como el enorme Estadio de Polo y Atletismo, una piscina regional de dimensiones casi olímpicas y un palacio de cemento medio derruido que se conoce como el «edificio multifuncional». Sus estructuras de cemento van siendo conquistadas lentamente por las hierbas altas y los cactus, pero siguen dominando el paisaje.

En una ciudad de solamente veintisiete mil habitantes, todos estos edificios destacan lúgubremente como ejemplos imposibles de ignorar de esa costumbre que tienen los políticos locales de realizar impresionantes alegatos —aunque mal asesorados— acerca de cómo terminar obras públicas a fin de conseguir fondos del gobierno regional. Empezar grandes obras ha sido una vía tanto para obtener votos como para crear puestos de trabajo. También se ha dicho que combate la capacidad de reclutamiento de la mafia.

El paisaje resultante de todas estas promesas es surrealista y tiene un melancólico atractivo para todos aquellos a quienes les seduce la idea de que el deterioro y la inercia siempre vencerán a las insolencias del mundo moderno. Un colectivo de artistas llamado Alterazioni Video, con sedes en Milán, Nueva York y Berlín, concibió la idea del Parque Arqueológico de la Inconclusión Siciliana de Giarre, deleitándose en lo que denominan «su tremenda magnitud, extensión territorial y extrañeza arquitectónica». Este colectivo define la inconclusión como la «ejecución parcial de un proyecto seguida de modificaciones continuas que generan rachas nuevas de actividad», un proceso que produce «lugares carentes de propósito» que «dominan el paisaje como si fueran arcos de triunfo». La colaboradora de Alterazioni Video y activista local Claudia d'Aita, que una vez escenificó un falso partido de polo en el Estadio de Polo y Atletismo, explica que hay que pensar en todos los edificios inacabados de Giarre como si fueran «una especie de museo al aire libre». Hay que transformar esas «manchas flagrantes en el perfil del pueblo —anuncia Alterazioni Video— en un destino turístico, dándoles un valor y un sentido nuevos a los monumentos de un presente perpetuo».

Alterazioni Video han producido un mapa y una guía para ayudar a los visitantes a orientarse por entre los diversos lugares principales de la inconclusión. Yo no conocía a nadie que hubiera usado la guía para lo que había sido concebida, así que en julio de 2013 viajé a Giarre para probar la experiencia de ser un turista en la Sicilia inacabada. Como era de esperar, fue una experiencia extraña y, en algunos momentos, me resultó difícil distinguir la parte terminada del pueblo de la inacabada. En la acera de enfrente del parque Chico Mendes, una «ciudad infantil» vallada y a medio construir que constituye una de las atracciones principales de la visita guiada de Alterazioni Video, hay otra zona abandonada, una elaborada rotonda de los años ochenta hoy convertida en un yermo invadido de hierbas,

grafitis e higueras silvestres, además de un alijo gigantesco de botellas de cristal marrones. Está adornada con una fuente central rota, un orbe oxidado con la forma del *Sputnik*, un anillo de elementos acuáticos más pequeños y secos y una escultura infestada de maleza del sacerdote decimonónico Don Bosco educando a los niños de la calle. Tal como la vi desde el parque Chico Mendes, aquella enorme isleta de tráfico parecía inacabada, aunque lo más seguro es que simplemente nadie se hubiera encargado nunca de su mantenimiento. El descuido y la inconclusión se confunden en Giarre, creando un paisaje extenso y continuo de abandono.

En su *Manifiesto de la Inconclusión Siciliana*, Alterazioni Video afirma que Giarre es el «epicentro» de un fenómeno que ha «irradiado desde Sicilia hasta el resto de la península, creando una Italia inacabada». Sin embargo, la forma en que las partes no terminadas del pueblo se fundían con el paisaje cotidiano me recordó que no me hacía falta ir a Italia para encontrar restos de visiones arquitectónicas antaño heroicas. Plantado a la sombra de las altas gradas y pasarelas de cemento del Estadio de Polo y Atletismo, en un recinto deportivo cubierto de las cenizas que escupía el Etna, me acordé de mi ciudad natal, Newcastle, que también tiene una red inacabada de caminos peatonales de cemento y un muñón de autopista, restos de los planes de los años sesenta de derribar la ciudad y reconstruirla como la «Brasilia del norte».

Giarre ofrece la versión extrema de un fenómeno que se da en la mayoría de las ciudades, lo cual la convierte en toda una parábola urbanística. Es el epicentro de una yuxtaposición de visiones inconclusas que no solamente se produce en Italia, sino en todo el mundo. También es un buen lugar para reflexionar sobre cómo vivimos con las distintas capas y el bullicio de la ciudad. Vivir rodeados de los tocones de los planes utópicos de unas personas que antaño fueron poderosas resulta liberador, dado que subvierte la idea de que la ciudad es propiedad de esos profesionales; nos muestra a los arquitectos, políticos y urbanistas derrotados, incapaces de moldear el lugar a su voluntad. Y, sin embargo, se trata de una victoria pírrica, puesto que es a nosotros a quienes nos toca vivir sorteando sus restos. Una consecuencia más profunda del fenómeno es que nos desconectamos del lugar: crecer en ciudades provisionales e incompletas inspira una lealtad igual de provisional e incompleta. A base de amontonar proyectos a medias cada vez más deprisa, la ciudad de la inconclusión anula la posibilidad de construir una relación de cariño, conocimiento y confianza con el lugar donde se vive.

Los artistas que me guiaron por el Parque Arqueológico de la Inconclusión Siciliana intentan encontrar una forma nueva y estimulante de volver a conectar a la gente con el lugar a base de adueñarse de esa misma sensación de desconexión y tumulto. Se trata de un proyecto paradójico, simultáneamente subversivo y conservador, que se burla de los políticos incapaces de gobernar Sicilia con eficacia, a la vez que sugiere que estas ruinas vagamente futuristas pueden suponer la base de una nueva modalidad de lealtad geográfica. «La suma de todas estas reliquias de unos futuros no alcanzados —escriben— es tan grande que puede considerarse un auténtico estilo visual y arquitectónico, representativo de Italia y de la época en que se produjo.» La inconclusión viene a representar la «munificencia especulativa de los sicilianos y del resto de los italianos», además de algo todavía más magnífico: la invención de unos «lugares de residencia y contemplación espirituales» verdaderamente modernos que, al mismo tiempo, son «lugares de cognición existencial, encarnaciones del alma humana».

La adjudicación a las ruinas modernas de Giarre de la marca de «Parque Arqueológico de la Inconclusión Siciliana» supone un intento de reclamar el paisaje contemporáneo, de encontrar tanto belleza como dramatismo dentro de su espectacular lobreguez. Aunque la estética de las ruinas en la que se basa este argumento (véase también «Paisaje de tiempo») parece apasionante como una colección de fotografías en blanco y negro, sobre el terreno enseguida se vuelve tediosa. Después de visitar un puñado de los restos seleccionados, todos empezaron a parecerme iguales y abandoné mi itinerario a medias. Había entendido que ser un turista de la inconclusión no resulta muy gratificante, pero la experiencia también me había recordado que las ciudades inacabadas son lugares en los que he pasado mucho tiempo viajando o regresando.

5

ESPACIOS DE EXCEPCIÓN

CAMP ZEIST

52° 06′ 35″ N; 5° 17′ 47″ E

Los espacios de excepción son lugares donde no se aplican las reglas normales. A menudo se crean para permitir a los Estados o las comunidades desarrollar sus planes sin interferencias o sin que el mundo exterior los conozca. A veces, estos lugares están fuera del control de los gobiernos, pero también han sido usados por estos a fin de emprender actividades que normalmente estarían prohibidas, como por ejemplo las «entregas extraordinarias» de presos. Sin embargo, los espacios de excepción no tienen como único fin la violación de conductas éticas; también han ofrecido oportunidades únicas tanto para emprendedores como para ideólogos sociales y experimentadores que querían crear comunidades más perfectas. Los espacios de excepción desafían nuestras nociones establecidas de soberanía y propiedad, pero también nos obligan a entender la flexibilidad de estos dos conceptos, algo que la historia de Camp Zeist representa muy bien.

Empecé a interesarme por las instalaciones militares holandesas conocidas como Camp Zeist en 1999, cuando pasaron a regirse por la legislación escocesa. La base militar siguió siendo escocesa hasta 2002, momento en que volvió a convertirse en holandesa.

Camp Zeist cambió legalmente de nacionalidad en 1999: dejó de ser holandés y pasó a manos escocesas a fin de que se celebrara un juicio tanto dentro como fuera de Escocia. Se trataba del juicio de los dos libios sospechosos de haber colocado una bomba en el vuelo 103 de la Pan Am, que explotó en el espacio aéreo de Lockerbie, Escocia, el 21 de diciembre de 1988. Después de que se recogieran diversas pruebas en el lugar del siniestro, el 13 de noviembre de 1991 un alguacil escocés emitió las órdenes de detención de Abdel Baset Mohamed al-Megrahi y al-Amin Jalifa Fahima. Una resolución del Consejo de Seguridad de las Naciones Unidas solicitó que a los acusados se los juzgase en «los tribunales apropiados de Reino Unido o Estados Unidos».

Libia puso en duda que aquellos hombres fueran a tener un juicio justo en alguno de esos dos países, lo cual dio al traste con las esperanzas iniciales de conseguir una extradición rápida. A lo largo de la década siguiente, sin embargo, se alcanzó un compromiso: Libia aceptó extraditar a los dos hombres, pero a condición de que el juicio se celebrara en territorio neutral. Los libios sugirieron primero La Haya, aunque más tarde aceptaron que el juicio tuviera lugar en las instalaciones, más seguras y construidas expresamente, que estaban disponibles en Camp Zeist.

Puede que la idea de entregar un área específica de territorio a otro país para un propósito puntual no resulte demasiado novedosa. La mayoría de los casos que conocemos, sin embargo, son un poco engañosos. Por ejemplo, los visitantes de los cementerios de guerra dedicados a los muertos extranjeros que hay en Bélgica y Francia pueden tener a veces la impresión de que están entrando en territorio británico, estadounidense o canadiense, pero no es así. Los cementerios son propiedad de esas naciones y son ellas quienes los mantienen, pero no tienen ninguna soberanía sobre ellos. Lo mismo puede decirse de la parcela que alberga el monumento conmemorativo a John F. Kennedy en Runnymede, Surrey, Inglaterra, que se «entregó» a Estados Unidos en 1964. La propiedad de un lugar, o el control sobre él, no es igual que convertirlo en parte integral de tu país, aunque establecer una distinción clara

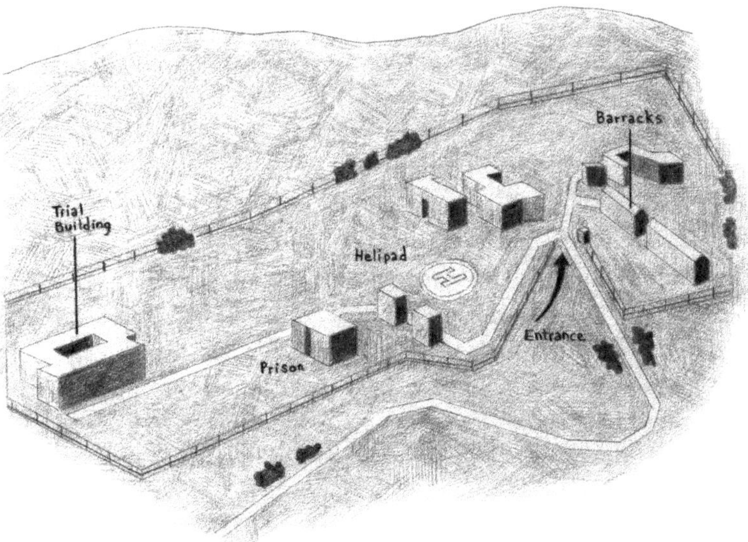
Barracks
Trial Building
Helipad
Entrance
Prison

entre ambas cosas puede resultar todo un quebradero de cabeza. Las embajadas extranjeras son una incógnita clásica. El hecho de que los Estados anfitriones estén obligados a no violar los recintos de las embajadas y de que los diplomáticos tengan inmunidad a los cargos presentados por el sistema judicial local los convierte en lugares ambiguos. No dejan de ser territorio soberano del país en el que están, pero gozan de una serie de concesiones debido a las cuales pueden dar la impresión de que se trata de enclaves de Estados extranjeros. Muchas bases militares extranjeras disfrutan de concesiones equivalentes. La bahía de Guantánamo, en Cuba, sigue formando parte de la nación cubana, pero Estados Unidos la tiene arrendada a perpetuidad y posee plena jurisdicción sobre sus terrenos.

La entrega de territorios a otra nación no es algo que los países hagan a la ligera y, cuando sucede, se debe a que les obligan o a que se limita solamente a un periodo acotado de tiempo. La mayoría de los ejemplos que entran en esta segunda categoría se sitúan bajo la demarcación no de zonas nacionales, sino internacionales, las cuales suelen tener una función muy concreta. Por ejemplo, cuando en 1943 la reina Juliana de Holanda estaba a punto de dar a luz a su tercera hija, la futura princesa Margarita, en el Civic Hospital de Ottawa, el gobierno canadiense decidió designar toda la maternidad como territorio internacional, permitiendo así que la niña tuviera derecho a la ciudadanía holandesa a través de sus padres. Las «zonas verdes» que albergan y protegen misiones militares y diplomáticas en lugares de conflicto, como por ejemplo la «zona internacional» de diez kilómetros cuadrados que hay en Bagdad, constituyen ejemplos mejor conocidos y más aleccionadores.

Ninguno de estos casos se parece al de Camp Zeist, un pequeño territorio de Holanda que durante tres años se convirtió en un enclave donde se aplicaba la legislación escocesa. El acuerdo formal entre Reino Unido y Holanda para el juicio, firmado en septiembre de 1998, define con gran detalle el alcance exacto de la jurisdicción del tribunal. Deja claro que Camp Zeist «aloja» a Holanda pero que tanto sus instalaciones como la voluntad del tribunal escocés son inviolables. Este acuerdo incluso establece quién tiene que encargarse de las basuras del territorio y cómo debe pagarse ese servicio, y hace una lista de todos los impuestos de los que está exento el tribunal escocés, entre ellos las «tasas incluidas en el precio de las bebidas alcohólicas, el tabaco y los hidrocarburos».

Se desplazó a un millar de agentes de policía escoceses para proteger las instalaciones, que trazaban una L de poco más de un kilómetro de largo. Hubo que construir unos juzgados y una prisión escoceses, además de un centro de prensa, y los juzgados también albergaron a toda clase de asesores legales. Uno de los cargos principales era el asesor legal del Departamento de Estado estadounidense, David Andrews, que no esconde para nada el hecho de que el plan para usar el territorio holandés se urdió entre Estados Unidos y Reino Unido muchos meses antes de mencionárselo siquiera a los holandeses. «Confiábamos en que lo aceptaran —escribió en un artículo para una revista académica de derecho—, pero como nos preocupaban las filtraciones, decidimos que no podíamos hablar con ellos hasta que Estados Unidos y Reino Unido hubieran completado el plan.» Al final resultó que la que Andrews había temido que fuera «la parte más complicada y ciertamente la más crucial de nuestra iniciativa: conseguir que los holandeses la aceptaran» fue pan comido. Siempre y cuando todo el mundo tuviera claro que aquel era un acontecimiento puntual, los holandeses estuvieron encantados de aportar su granito de arena para solventar una crisis internacional irresoluble. Andrews señala en tono mordaz que tuvo que dedicar «un tiempo considerable» no a los políticos holandeses, sino a convencer a la banda de música de la Real Fuerza Aérea holandesa para que abandonara de forma temporal una parte importante de la base.

El desafío más complicado fueron las ramificaciones legales y logísticas de crear territorio escocés en el extranjero. Hubo que dar poderes legales a los jueces escoceses no solamente de cara al juicio, sino también sobre el tribunal y las instalaciones de la base. Además, Andrews fue consciente de que «no resultaba práctico sacar de Escocia a un grupo de ciudadanos escoceses durante casi un año», de forma que tuvo que celebrarse una modalidad extraordinaria de juicio, donde en vez de jurado hubo un comité de jueces. Esta solución tan poco habitual requirió crear nueva legislación en Reino

Unido, que pasó a toda prisa por el Parlamento en forma de decreto ley, una fórmula legal que permite aprobar cambios legislativos sin votarlos en la Cámara de los Comunes.

Otro problema, más localizado, lo presentaba la carretera que iba de un cercano museo de la aviación a su taller de reparaciones y que atravesaba un territorio que iba a convertirse en escocés. La solución fue colocar un par de verjas que podían abrirse para dejar pasar a los trabajadores del museo mientras se cortaba la carretera para el personal del Camp Zeist, y viceversa. Las cancelas en cuestión funcionaron bien, aunque de vez en cuando había gente que se quedaba atrapada entre ellas. Uno de los afectados fue el portavoz del tribunal escocés Richard Bailey. «Una vez me quedé atrapado entre las verjas —le contó a un periodista que visitaba la base—. Y es verdad que pensé: "¿dónde estoy?", aunque sobre todo pensé: "¿cuándo demonios va a abrirse la verja?"».

El 5 de abril de 1999, se transportó a los dos acusados libios a Holanda y luego se los llevó en coche directamente a una vista de extradición holandesa. Después de extraditarlos formalmente, los trasladaron a Camp Zeist, donde los arrestó la policía escocesa. Se les leyó la acusación de haber asesinado a 270 personas y se los detuvo dentro de la base. Al final, y después de una apelación, Al-Megrahi fue declarado culpable en 2002 y condenado a cadena perpetua en una cárcel escocesa, de la que salió por motivos humanitarios en 2007. El otro acusado fue declarado inocente. Camp Zeist volvió a manos holandesas y se convirtió en un centro de detención para inmigrantes.

Los gobiernos británico y estadounidense consideran Camp Zeist un gran éxito. Subió a los sospechosos al estrado, resolvió un quebradero de cabeza para bastantes estados y hoy en día hay quienes lo presentan como modelo para llevar a juicio casos internacionales de gran dificultad. La estrategia de convertir un trozo de un país en territorio legal de otro durante un periodo breve de tiempo no solamente resultó factible, sino que además aceleró la administración de justicia. Sin embargo, muchos de quienes contribuyeron a instalar un pedacito de Escocia en Holanda no tienen tan claro que esta clase de experimento pueda o deba llevarse a cabo otra vez. Teniendo en cuenta los enormes costes y las interminables complicaciones legales que entraron en juego, David Andrews llegó a la conclusión de que «el juicio en un tercer país no es un modelo que debamos plantearnos a la ligera, si es que debemos volver a planteárnoslo».

EL PUERTO FRANCO DE GINEBRA

46° 11′ 18″ N; 6° 07′ 38″ E

Fuera de la vista del mundo, a oscuras, hay algo creciendo: espacios de almacenaje, criptas con aire acondicionado que van llenándose de objetos valiosos. Se trata de la antítesis de nuestra sociedad de usar y tirar. Porque al mismo tiempo que el consumismo vomita avalanchas de cacharros de mala calidad para ser triturados y tirados a la basura, también produce cantidades cada vez mayores de objetos hermosos y peculiares: pinturas, coches, botellas de vino y esculturas, a los cuales hay que quitar el polvo, fotografiar y catalogar para poder atesorarlos y guardarlos para siempre. Y aunque antaño la élite se dedicaba a amontonar esos objetos de valor en sus casas, hoy en día ya acumula demasiadas posesiones para seguir conviviendo con ellas. La relación entre los ricos y sus objetos de deseo también ha cambiado. Ahora los compran como inversión, componentes esenciales de cualquier portafolio de riquezas que se precie.

El Puerto Franco de Ginebra es un inmenso almacén superespecializado de tesoros. Visto desde fuera, no es más que un bloque de cemento blanco rodeado de carreteras y aparcamientos grises, pero es muy posible que sea el edificio más valioso del planeta. Se estima que solamente el arte que hay en el Puerto Franco ya vale unos cien mil millones de dólares. Pero además de las obras de arte, hay criptas y plantas enteras llenas de otros objetos de gran valor, como por ejemplo tres millones de botellas de vino, varios pisos de coches de un millón de dólares y hasta una cámara llena de puros. Las criptas están pobladas por un pequeño ejército de conservadores y encargados de inventariar; pero el trabajo de todos esos expertos es de lo más solitario y a menudo les obliga a pasarse la mayor parte del día encerrados en una cámara acorazada. Uno de sus especialistas en arte, Simon Studer, recuerda la experiencia de estar encerrado en una cámara que contenía miles de dibujos, pinturas y esculturas de Pablo Picasso: «Estaba comprobando tamaños y el estado de las obras, buscando las firmas y asegurándome de que se midieran bien», le contó al *New York Times*. Al final se dio cuenta de que los golpes que oía al otro lado de la pared provenían de otro recluso que estaba contando lingotes de oro. «No tienes ni idea de qué hay en la sala de al lado y, de pronto, pasas por delante cuando abren la puerta y, paf, lo ves.»

Los puertos francos siempre han sido lugares donde se pueden importar y exportar artículos sin pagar tasas de aduana ni otros impuestos. Se inventaron en la Edad Media con vistas a facilitar el flujo comercial, pero nunca tuvieron la finalidad de ser almacenes donde acumular objetos de valor. En 1888 el Gran Consejo de Ginebra votó a favor de establecer el Puerto Franco. Por entonces solía almacenar artículos más prosaicos y solamente durante periodos cortos de tiempo. Sin embargo, el singular respeto que siempre ha tenido Suiza hacia la privacidad de los extranjeros que quieren usar sus servicios libres de impuestos empezó a atraer a una clientela especializada. A finales del siglo XX, el Puerto Franco de Ginebra ya se había establecido como el depósito central mundial para un nuevo sistema de inversión global basado en la compraventa de objetos de alto valor. Como las obras en cuestión se pueden vender y comprar en el interior del Puerto Franco sin ninguna clase de imposición a las transacciones, en la práctica funciona como una lonja. Las pinturas de los antiguos maestros cambian de manos sin salir para nada de sus anaqueles.

Las criptas del Puerto Franco son capaces de conjurar un mayor valor de cambio para unos artefactos culturales que únicamente poseen un valor abstracto. El éxito de este proceso alquímico se basa en el atractivo y el alcance internacionales del Puerto Franco. Durante años, Puertos Francos y Almacenes de Ginebra SL, la misma empresa que gestiona el Puerto Franco, se dedicó a difundir la idea de que sus instalaciones estaban fuera del alcance de los gobiernos. Se jactaban de ser un «verdadero paraíso fiscal en el corazón de Europa». Algunas crónicas sobre el Puerto Franco incluso dan la impresión de que es una especie de pequeño Estado autónomo enclavado dentro del territorio seguro y no alineado de Suiza. Es una equivocación comprensible aplicada a un lugar que lleva mucho tiempo dándose aires de intocable. La realidad, sin embargo, irrumpió en él el 13 de septiembre de 1995, cuando las policías suiza e italiana hicieron una redada en la sala 23 del pasillo 17. Allí descubrieron cuatro mil antigüedades italianas fruto del saqueo; el tratante italiano Giacomo Medici acabó detenido y en la cárcel. En ese momento, los suizos decidieron que era hora de limpiar la reputación del Puerto Franco, aunque no se dieron demasiada prisa en hacerlo. Esperaron a 2009 para obligar a hacer inventarios exhaustivos y a que los propietarios dieran sus datos completos.

En vez de asustar a sus clientes, el nuevo régimen de escrupulosa honradez solamente ha servido para aumentar la popularidad del Puerto Franco. Hoy en día pueden obtenerse unos beneficios espectaculares haciendo transacciones perfectamente legales dentro de sus muros, y se mantiene la enorme demanda, perfectamente legal, de un lugar donde almacenar objetos lejos de las molestias fiscales del país de cada uno. La contabilidad inteligente ha convertido los subterfugios criminales en un anacronismo.

Defendiendo los beneficios públicos del Puerto Franco de Ginebra, Jean-René Saillard, miembro del grupo de inversión British Fine Art Fund, explica lo siguiente: «A los propietarios les sobran razones para prestar obras con generosidad. Cuando se exponen en instituciones de prestigio, como es natural, aumentan de valor». Sin embargo, se trata de una defensa bastante equívoca. Sugiere que el arte solamente cruza las puertas del Puerto Franco con el propósito de aumentar su valor monetario. También insinúa que el rol de las galerías y los museos de arte es servir a las necesidades de los recintos de almacenaje y transacción libres de impuestos. El siglo XXI parece dispuesto a convertirse en el siglo del almacenamiento. De vez en cuando, el arte se carga en camiones, se transporta y se expone en espacios públicos de no almacenaje. Sin embargo, a medida que crece la popularidad del simple almacenamiento, esta circulación periódica está empezando a racionarse. De hecho, el Puerto Franco de Ginebra ya ha empezado a dedicar una parte de su espacio a las galerías de arte. De esa forma, el valor de los artículos puede subir sin riesgo de perderse o de sufrir daños. Los almacenes del Puerto Franco están bien posicionados para instaurarse como los espacios de exposición más relevantes del siglo.

El Puerto Franco de Ginebra ha sido todo un éxito, pero es posible que pronto otros lugares le hagan sombra. En la actualidad están apareciendo en muchas ciudades de Occidente, y también cada vez más en Extremo Oriente, almacenes que ofrecen espacio para la superabundancia mundial de artículos de valor. Estos búnkeres urbanos han pasado a formar parte del paisaje habitual; lúgubres templos de cemento en honor a lo que no tiene precio y a las piezas únicas. El mayor crecimiento en materia de almacenamiento de arte libre de impuestos está teniendo lugar en el este de Asia. En 2010 empezó a funcionar el Puerto Franco de Arte de Singapur y en 2013 se inauguró el Puerto Franco de Cultura de Pekín, situado en el aeropuerto internacional de Pekín-Capital.

El proceso de creación de más y más espacio de almacenaje cuestiona la idea de que vivimos en una era de lo virtual, en la cual los objetos reales son cada vez más irrelevantes. Mientras el dinero fluye en las pantallas de los ordenadores sin ocupar espacio alguno, la cultura del almacenaje ha desarrollado una vida y un poder propios, permitiendo y exigiendo más mantenimiento, que se quite el polvo y que se hagan inventarios. Es una cultura que todavía está gestándose, y que no se limita al arte, sino que abarca todos los objetos de gran valor. Además, no parece haber ningún límite próximo a la cantidad de cosas que pueden acumularse, dado que tanto bajo tierra como en el espacio hay sitio de sobra. Es posible que llegue un momento en que se entienda que el objeto valioso tiene un ciclo vital. Sin embargo, todavía no podemos imaginarnos ese momento en el que los modelos únicos de coches serán aplastados o el arte de primera categoría se arrojará a las llamas. Hasta entonces seguiremos construyendo más puertos francos, más almacenes, más estanterías y más criptas para nuestros tesoros.

LUZ BRILLANTE, CALLE MURES 4, BUCAREST

44° 28' 04"; 26° 02' 45" E

El número 4 de la calle Mures es un edificio de oficinas de color crudo con una sola planta y muchos ventanales. Se trata de un edificio de los años sesenta, construido con materiales baratos y bastante deteriorado, que no parece especialmente seguro. En lugar de verja tiene una modesta reja metálica. Detrás de este bloque, situado en una polvorienta calle residencial del nordeste de Bucarest, hay un edificio más grande pintado en el mismo tono funcionarial y, detrás de este, unas vías de tren. El número 4 de la calle Mures parece el típico lugar donde trabajan unos funcionarios a ritmo relajado mientras se dedican a mirar el reloj esperando la hora de irse a casa.

Entre finales de 2003 y mayo de 2006, la CIA bautizó el número 4 de la calle Mures con el nombre en clave de «Luz Brillante». Era uno de los centros secretos de detención e interrogatorio, denominados *puntos negros*, y funcionaba como uno de los eslabones de una cadena internacional de detenciones clandestinas y escalas dentro de la «guerra contra el terrorismo». Tanto para los detenidos allí como para el resto del mundo, Luz Brillante no existía; era un no-lugar. Podemos llamar «no-lugares» a estas ubicaciones por dos razones: porque son espacios en los que no se fija nadie y porque desconciertan por completo al prisionero; aunque le quiten la capucha, el paisaje que acertará a ver no significará nada, podría estar en cualquier parte. Una de las personas que han hecho esta conexión es Bruce O'Neill, antropólogo de la Universidad de Stanford que ha estudiado en particular la geografía de los «movimientos extraordinarios» de prisioneros. En la revista *Ethnography* sostiene que los centros secretos de detención parecen «abundar en las no-zonas». Pueden crecer y multiplicarse en esos lugares vacíos porque no le importan a nadie: son «espacios genéricos y puramente funcionales por los que pasamos sin establecer relaciones sociales o históricas significativas con ellos». Son lugares que «eluden nuestra atención y observación cercanas», concluye O'Neill, y suministran «la infraestructura y la ubicación ideales para un nuevo tipo de campo de concentración».

Es esa capacidad de pasar desapercibidos y ser olvidados que tienen tanto el número 4 de la calle Mures como muchos otros recintos sin ventanas del mundo, lo que los convierte en ideales para la extensión clandestina del poder estatal. Tanto entonces como ahora, el edificio era propiedad del Registro Nacional Rumano de Información Clasificada. Lo que un portavoz denomina «la especulación mediática acerca de que el edificio albergaba una prisión de la CIA» se ha «desmentido categóricamente», y el ministro de Exteriores de Rumanía ha confirmado que «en territorio rumano nunca han tenido lugar esa clase de actividades».

Pero los medios de comunicación alemanes, y sobre todo el periódico *Süddeutsche Zeitung* y la cadena de televisión ARD TV, han hecho algo más que especular. Sus entrevistas, tanto a ex reclusos como a agentes de la CIA, describen el lugar con todo lujo de detalles. Los periodistas incluso han sido capaces de trazar un plano del complejo y de desvelar los nombres de las personas recluidas allí y lo que les pasó. Descubrieron que el edificio de atrás tiene un sótano con seis celdas especialmente diseñadas, todas ellas construidas sobre muelles. Parece que su idea era inducir en los prisioneros una sensación permanente de desequilibrio que los desorientara, aunque irónicamente las celdas también tenían una flecha pintada en el suelo para indicar la dirección a La Meca.

Luz Brillante se usaba para prisioneros excepcionalmente valiosos, como por ejemplo Jálid Sheij Mohámed, acusado de organizar los atentados del 11-S, que estuvo retenido allí antes de su traslado a la bahía de Guantánamo. Otros individuos retenidos allí fueron Abd al-Rahim al-Nashiri, acusado de perpetrar los ataques al acorazado estadounidense *Cole* en Yemen, y Abu Faraj al-Libi, el número tres de al-Qaeda. Al-Libi fue quien identificó al mensajero personal de Osama Bin Laden, una información que acabó conduciendo hasta el mismo Bin Laden.

Durante sus breves estancias en el número 4 de la calle Mures, los interrogadores comían y dormían en el complejo, encerrados junto con los prisioneros. Un informe del Comité Internacional de la Cruz Roja publicado en 2007 sobre el tratamiento a los detenidos «excepcionalmente valiosos» que pasaban por Luz Brillante detallaba los procedimientos «muy estandarizados» que se usaban para doblegar su resistencia por medio de una combinación de humillación y desorientación. Para ir de un lugar a otro, a los detenidos se les «obligaba a llevar pañales y chándal —dice el informe—. Les colocaban auriculares y por ellos se les iba poniendo música a intervalos. Se les vendaban los ojos con una banda de tela atada en torno a la cabeza y gafas negras de protección». Tras llegar a los centros de interrogatorio como Luz Brillante, el «mantenimiento de los detenidos en situación continua de encierro solitario e incomunicación» significaba que muchos no tenían ni idea de en qué país estaban. Aislados a menudo durante años, y sin información alguna de dónde estaban, los prisioneros eran incapaces de dar una explicación coherente sobre cuánto tiempo habían estado detenidos.

Antes incluso de que se hiciera pública la historia de Luz Brillante, un informe del Consejo Europeo ya había llegado a la conclusión de que «en Europa existieron entre 2003 y 2005 varios centros secretos de detención de la CIA, sobre todo en Polonia y Rumanía». Un par de años más tarde, el *New York Times* averiguó que el cuartel general europeo de la CIA en Frankfurt había supervisado la construcción de tres centros de detención en Europa del Este, «cada uno de ellos diseñado para albergar a media docena de detenidos».

Uno de ellos estaba en «un edificio reformado en una calle bastante transitada de Bucarest».

No es solamente la normalidad del número 4 de la calle Mures lo que aleja toda sospecha. Igual que otros muchos edificios gubernamentales de Rumanía, antaño lo había usado la Securitate estatal, la policía secreta rumana. Y los rumanos han aprendido a dejar en paz esos edificios. Aunque la Securitate se disolvió en 1989, hasta entonces había tenido cuatro décadas para moldear a la sociedad, y en su momento álgido había llegado a tener a dos millones de personas en nómina, el 10% de la población rumana. Aunque menos famosa en Europa Occidental que su equivalente de Alemania del Este, la Stasi, los rumanos tienen recuerdos muy nítidos del poder de las fuerzas de seguridad, que en un momento dado llegaron a tener a ciento ochenta mil personas en trabajos forzados bajo su vigilancia y a un millón cien mil presos políticos encerrados en más de ciento veinte campos de concentración. Aunque la época del gulag rumano ya terminó, dejó al país una infraestructura tanto física como cultural, una red de campos secretos de prisioneros y la indiferencia del público a todo lo que pueda estar pasando en los edificios gubernamentales de aspecto normal y corriente. Rodeado por un mundo que no se fija en él y ocupado por prisioneros desorientados, el número 4 de la calle Mures es un ejemplo perfecto de lugar inalcanzable, de no-lugar donde se pueden violar u olvidar las antiguas normas e identidades.

Y, sin embargo, cuando nos enteramos de la existencia de estos lugares, normalmente ya hace tiempo que han desaparecido. Luz Brillante se desmanteló unos años antes de que su historia saliera a la luz. En el momento en que la atención del mundo recae en el caso concreto de un centro secreto de detención, ya hay miles de instalaciones más y millones de detenidos todavía más escondidos. En muchos países, esos «espacios de excepción» siguen creciendo. En 2009, la revista india *The Week* reveló que en su país los servicios de inteligencia gestionan entre quince y cuarenta campos de detención secretos. En 2012, el gobierno chino aprobó una nueva ley que otorgaba a la policía el derecho legal de poner en práctica algo que ya llevaba décadas haciendo: retener a los detenidos en ubicaciones secretas. Se calcula que en la actualidad debe de haber entre ciento cincuenta mil y doscientos mil presos políticos en Corea del Norte, recluidos en decenas de campos secretos de prisioneros. Sin ventanas y fuera del mapa, esos no-lugares se han vuelto muy útiles para toda una serie de regímenes que por lo demás parecen tener poco en común.

EL ESPACIO AÉREO INTERNACIONAL

Los seres humanos somos por naturaleza terracéntricos: nos interesan mucho los lugares que están en tierra firme, pero apenas prestamos atención a los terrenos que hay en el fondo del mar y casi nunca pensamos en el espacio aéreo como en algo más que en un simple vacío por el que viajar. Desde el aliento que nos llena los pulmones hasta los cien kilómetros en vertical que tenemos encima entre nosotros y el final de la atmósfera, el aire es un lugar al mismo tiempo íntimo y eternamente extraño.

¿A quién pertenece? ¿Existe aire que esté a disposición de todos? En cualquier caso, parece que he comprado aire sin ser consciente de ello, puesto que si compras una parcela de tierra en Reino Unido, también adquieres el subsuelo que hay debajo y el aire que hay encima. La antigua doctrina de la ley de propiedad del suelo, antaño consagrada en el derecho inglés, dice: *Cujus est solum, ejus est usque ad coelum et ad inferos:* «aquel que posea una tierra, la posee hasta el cielo y hasta el infierno». En la actualidad eso plantearía algunos problemas antaño insospechados, como el hecho de que los propietarios de casas pudieran cobrar peajes a los aviones y los satélites. Por ello se ha eliminado este derecho ancestral. Hoy en día no parece que tengamos derecho a más espacio aéreo del que se considera necesario para el «uso y disfrute» de nuestra parcela de tierra. Eso todavía permite a la gente vender los «derechos aéreos» o derechos de explotación del aire de encima de su propiedad. Si quieres construir sobre la propiedad de una persona, puedes hacerlo comprándole los derechos aéreos que no está usando. En una isla tan superpoblada como Manhattan, donde el espacio aéreo está cotizadísimo, se puede comprar y vender aire a razón de miles de dólares el metro cuadrado.

Mientras que los derechos sobre el aire de los propietarios privados se han desinflado, los de los Estados soberanos se han puesto por las nubes. Ciertamente, fue el alarmante incremento de vuelos de globos aerostáticos a principios del siglo pasado lo que provocó que los estadistas se interesaran por el tema. Una conferencia celebrada en París en 1910 reunió a dieciocho países preocupados por este nuevo tipo de tráfico para resolver la cuestión de cómo iba a controlarse el espacio aéreo. Los franceses querían cielos de libre disposición, pero a los británicos les gustaba la idea de una soberanía nacional plena. No se alcanzó ningún acuerdo, pero no tardó en ganar terreno la idea de que había que defender los cielos de las intrusiones extranjeras. La Ley de Navegación Aérea británica de 1911 permitía a Reino Unido cerrar su espacio aéreo a los vuelos hostiles. Eran los primeros escarceos de un siglo donde iban a abundar los intentos de demarcar el espacio aéreo entendido como extensión del territorio nacional.

Hoy, el espacio aéreo nacional se extiende hasta veinte kilómetros mar adentro, lo cual deja bastante aire en el mundo sin reclamar. Igual que la alta mar, el espacio aéreo internacional está a disposición de todo el mundo, pero ejercer ese derecho, por ejemplo a bordo de un avión, no es tan sencillo. El problema es que, según la legislación internacional, nunca puedes escapar del lugar donde está registrado tu avión. En otras palabras, si tu avión está registrado en Noruega, por mucho que te encuentres en mitad del Pacífico, volando entre Fiyi y Tahití, sigues en Noruega y tienes que cumplir con la legislación de ese país. Este precepto también sugiere que los bebés nacidos en aviones a veces serán ciudadanos del país en el que está registrado el avión, mientras que en otras ocasiones heredarán la nacionalidad de sus padres (dependiendo de las distintas leyes nacionales). Hasta se puede dar el caso de que varias nacionalidades compitan por el recién nacido. Si uno nace sobrevolando Estados Unidos, en un avión extranjero y con padres extranjeros, aun así tiene derecho a la ciudadanía estadounidense.

Aunque es de difícil acceso, el espacio que hay encima de alta mar está a disposición de todo el mundo y no lo reclama nadie. También es posible que, si uno asciende a la altura suficiente, cesen todas las reivindicaciones de soberanía nacional, dado que el tradicional punto de vista de «hasta el cielo y hasta el infierno» comportaría que, debido a la rotación de la Tierra, viajaran gigantescos conos de soberanía trazando trayectorias parabólicas por entre las galaxias. De forma que tiene que haber una altura límite, pero resulta que este es un punto conflictivo en los círculos legales y que los abogados llevan décadas debatiendo dónde está. Algunos dicen que se alcanza cuando un avión ya no puede encontrar el suficiente impulso aerodinámico para volar; otros reclaman toda la zona que «permita a un vehículo en órbita completar una vuelta alrededor de la Tierra». Sigue tratándose de unos límites vagos, que van desde los setenta hasta los ciento sesenta kilómetros de altura. Y hay incluso a quienes no les basta con esa distancia. Por medio de la Declaración de Bogotá de 1976, ocho países ecuatoriales reclamaron la soberanía hasta los 35.800 kilómetros de altura. Se trata de la zona de espionaje y la zona de órbita geoestacionaria, donde la órbita de un satélite se sincroniza con la rotación de la Tierra y le permite estabilizarse encima de un país. La reivindicación del grupo de Bogotá resultó bastante impopular, sin embargo, en parte porque violaba la idea de que el espacio es nuestro «patrimonio común».

Las discusiones continúan pero, entretanto, podemos dar por sentado que hay mucho espacio por encima de los países, entre los niveles inferiores de la atmósfera y el espacio exterior, que está fuera de sus jurisdicciones nacionales. Si le sumamos todo el espacio aéreo que hay encima de alta mar, parece que la mayor parte de la fina atmósfera que rodea nuestro planeta queda fuera del control tanto de las naciones como de los intereses privados.

Pero si pensamos en el aire que tenemos encima como un lugar al que ir e incluso en el que vivir, ¿cómo podemos llevar eso a la práctica? La idea de crear ciudades en el aire lleva tiempo intrigando a los arquitectos, y los pensadores más imaginativos de esta profesión ya han planificado unas cuantas. Algunos de los primeros planes los trazó el grupo de arquitectos contraculturales Archigram, cuya Ciudad Instantánea proyectaba una urbe entera que se sostenía en las alturas por medio de globos y helicópteros capaces de trasladarla adonde les viniera en gana a sus habitantes. Un lugar así podría escapar con facilidad del espacio aéreo nacional. Se trata de una idea que luego han ampliado otros autores, últimamente centrándose menos en el transporte de las ciudades y más en cómo mantenerlas en el aire. La arquitecta utópica Leah Beeferman se imagina una especie de república dispersa por el aire: «Podría liberarse también a los helicópteros para que formaran su propia ciudad: una utopía aérea, permanentemente en las alturas, que deambulara por la atmósfera planetaria».

Para Beeferman, este «archipiélago de helicópteros, o cadena de islas voladoras», sería «una vía de escape de la soberanía tradicional de los Estados-nación». Se pasearía por el espacio aéreo internacional: «Sería imposible hacer un mapa del archipiélago. Los fabricantes de atlas y globos terráqueos simplemente incluirían un paquete de adhesivos de quita y pon, en forma de nubecillas de helicópteros, para dar la ubicación aproximada del país». Resulta bastante apropiado que la idea del espacio aéreo libre nos acabe llevando a vivir en las nubes, como suele decirse. Aunque sea un entorno extraño y ajeno, el aire también es el lugar natural de los intentos más descabellados de alcanzar la felicidad humana.

ESPACIO RESIDUAL

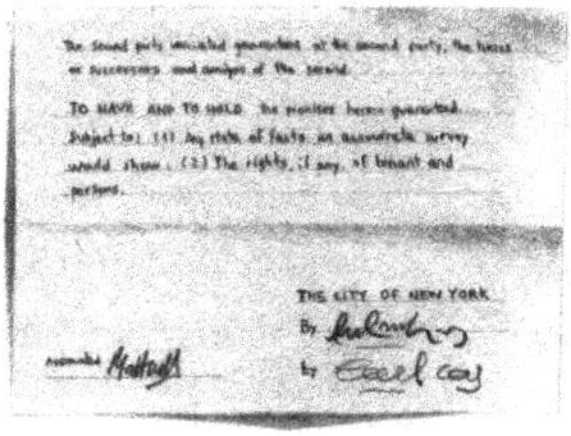

A principios de los años setenta, el artista conceptual Gordon Matta-Clark empezó a comprar por toda la ciudad de Nueva York pedazos de suelo de esos que quedan entre edificios contiguos, llamados *espacios residuales*. La mayoría no tienen más que un metro o dos de ancho, aunque a menudo pueden llegar a varias decenas de metros de largo. Se trata de los restos inservibles de los procesos de planificación que subastan las autoridades municipales. Matta-Clark compró quince de estos espacios (catorce en Queens y uno en Staten Island) y durante los años siguientes se dedicó a fotografiarlos y a coleccionar todos los mapas, escrituras y documentos burocráticos que pudo conseguir relacionados con cada una de estas nuevas propiedades.

La mayor parte de estos espacios residuales son callejones sumidos en las sombras; su forma de acechar entre edificios les confiere un aspecto furtivo y melancólico. Parece ser que Matta-Clark se sentía atraído por ellos precisamente porque se anunciaban como «inaccesibles». En una entrevista explicaba que le gustaba la paradoja de ser propietario de sitios que «nadie ve y ciertamente nadie ocupa». Pero «Parcela 15: Acera de Jamaica» es distinta: es una franja de acera alargada y bañada por la luz del sol, un espacio accesible, en apariencia público, y toda una rareza tanto legal como comercial. Las veinticuatro fotografías que le hizo Matta-Clark forman un collage fotográfico de tres metros y medio.

Matta-Clark murió en 1978 a los treinta y cinco años, dejando inacabado aquel proyecto, que él había bautizado como «Fincas falsas» (*Fake Estates*). Para entonces ya estaban empezando a incordiarle, especialmente por todos los distintos impuestos sobre la propiedad que estaba obligado a pagar. Las parcelas, algunas de las cuales le habían costado solamente veinticinco dólares, estaban sometidas a unos impuestos de siete u ocho dólares anuales. Tras su muerte, los terrenos regresaron a manos de la ciudad. Por suerte, su viuda, Jane Crawford, se dedicó a reunir y ordenar sus caóticas pilas de documentos, y eso ha permitido que en las dos últimas décadas hayan podido montarse en torno a ellos diversas exposiciones, libros y recorridos en autobús. *Fincas falsas* se ha convertido en una referencia para toda una nueva generación de artistas psicogeográficos.

Cualquiera que haya visto con nervios cómo su vecino colocaba una valla sabe lo importantes que pueden ser unos palmos de terreno; a fin de cuentas, no muchos somos capaces de asomarnos por la ventana y decir levantando educadamente la voz: «No, no se preocupe, póngala donde le vaya bien». A pesar de toda la belleza desconcertante de *Fincas falsas*, Matta-Clark consideraba que estaba llevando a cabo una crítica mediante la reducción al absurdo de nuestra obsesión por la propiedad privada. En su estudio sobre la obra del artista, *Object to Be Destroyed* ('Objeto para ser destruido'), Pamela Lee explica la motivación de Matta-Clark haciendo referencia a la afirmación de Marx de que «la propiedad privada nos ha vuelto tan estúpidos y cortos de miras que un objeto solamente es nuestro cuando lo tenemos, cuando existe en forma de capital para nosotros». Las parcelas inservibles de Matta-Clark buscan desestabilizar nuestra idea de que la propiedad de la tierra es racional, y en cierta forma lo consiguen. Pero también funcionan en la dirección contraria, porque nos recuerdan lo poderosa que es en realidad la idea de poseer tierras. Si *Fake Estates* resulta una obra tan extrañamente conmovedora es precisamente por lo habituales que son esa clase de deseos. Los espacios residuales de Matta-Clark aluden al anhelo generalizado que tenemos las personas por poseer un trozo de tierra, por pequeño que sea.

La colección de pedazos de parcelas de Matta-Clark también se nutre de una estética del ordenamiento y el etiquetado con la que todos estamos familiarizados. De hecho, más o menos al mismo tiempo que él desarrollaba sus actividades conceptuales, otro neoyorquino, dueño de una ferretería y llamado Jack Gasnick, que ya era más o menos conocido por practicar la «pesca de sótano» (aseguraba que había capturado una carpa de kilo y medio en un arroyo que atravesaba su sótano) y por poseer la tercera bombilla en funcionamiento más antigua del mundo (la habían enroscado en 1912), estaba haciendo algo muy parecido pero sin la menor intención política. Cuando en 1994 lo entrevistó Constance Hays, del *New York Times*, Gasnick explicó: «Es como coleccionar sellos», y añadió que «cuando te atrapa la fiebre, te atrapa la fiebre... Yo quería lo que no quería nadie».

La colección de espacios residuales de Gasnick llegó a alcanzar las veintiocho parcelas, adquiridas por cincuenta dólares la más barata y doscientos cincuenta la más cara; su pieza más preciada era una parcelita situada detrás de la casa de Louis Armstrong en Corona, Queens. Pero Gasnick tenía muchas otras parcelas alargadas y cuadradas, entre ellas un trozo de un cementerio afroamericano y una con un manzano. Aunque la relación de Gasnick con aquellas parcelas era la de un coleccionista, también pensaba en ellas en términos de lucimiento. «El salto que he dado de la maceta de flores al manzano —dijo— demuestra que a un tipo como yo, que vive en un piso, no le debe de costar mucho conseguir un trozo de medio ambiente de calidad.» Los cuidados que proporcionaba a su manzano, así como al roble de otra de sus fincas, reflejan el afecto real que sentía Gasnick por sus microparcelas. «En cuanto adquiría una parcela —escribió Constance Hays—, el señor Gasnick se pasaba los fines de semana yendo en coche a visitarla y limpiarla.» Cuenta que Gasnick «visitaba continuamente sus propiedades, por muy radicalmente que cambiaran los vecindarios circundantes, para tenerlas siempre limpias de basura, ya fueran vasos vacíos de café o

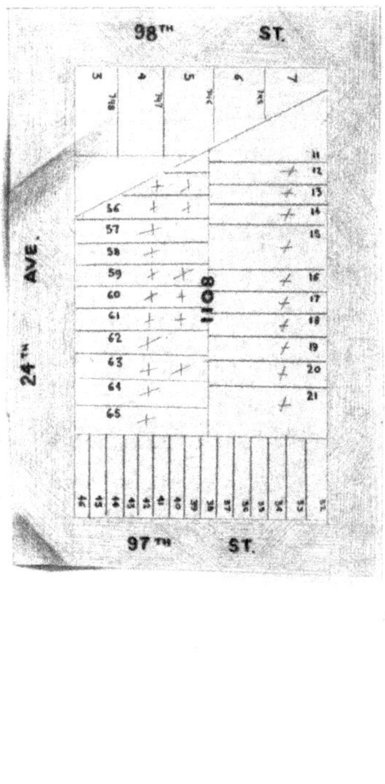
98TH ST.
24TH AVE.
1108
97TH ST.

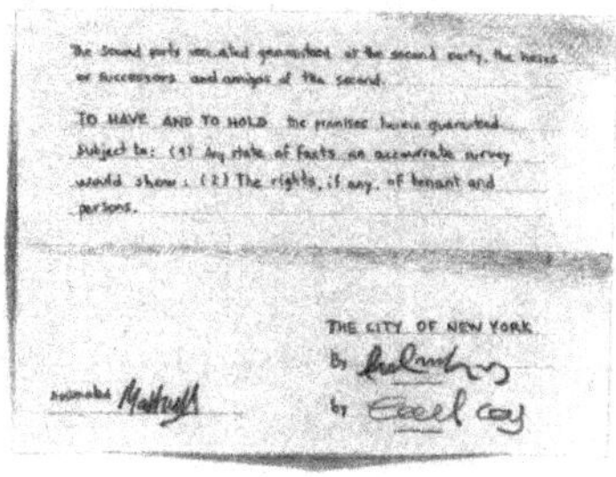
TO HAVE AND TO HOLD
Subject to: (1) Any state of facts an accurate survey would show; (2) The rights, if any, of tenant and persons.
THE CITY OF NEW YORK

coches abandonados». A finales de los años setenta, Gasnick empezó a sentirse agobiado por el mantenimiento de su colección, y comenzó a perder temporalmente parcelas («de algunas simplemente me olvidé») o bien a venderlas, a menudo por poco más de lo que había pagado por ellas. Otras se las regaló a organizaciones de huertos comunitarios. En la actualidad, Gasnick ya pasa de los noventa años y solamente ha conservado una de sus parcelas, un lugar que le encanta para hacer picnics y que ofrece una vista del puerto de la ciudad desde Staten Island.

Todavía hoy siguen poniéndose a la venta pedacitos de tierra. Claudio Manicone, que trabaja para el condado de Broward, en Florida, ha intentado vender una acera, un callejón y un río. Él lo ve como si hiciera limpieza. «Al igual que con cualquier cosa que hagas, te quedan sobras. Si construyes algo con madera, te sobran trozos de madera.» Las empresas que venden estas parcelas se encuentran de vez en cuando con compradores que tienen motivaciones ocultas, como el tipo de Palm Beach que compró una sección diminuta de un canal municipal creyendo que eso le daría el control del suministro de agua (enseguida se dio cuenta de que no). A la mayoría de la gente, sin embargo, estos lugares les interesan por razones menos racionales.

Gordon Matta-Clark sacó sus restos urbanos del anonimato y los puso en el mapa. Siempre fue una conquista irónica, puesto que eran «fincas falsas», reales pero carentes de valor. Aun así, resulta fácil ver por qué hay gente interesada en ellas, sobre todo en unas ciudades donde la mayoría de nosotros nos sentimos afortunados de tener un jardín trasero lo bastante grande para poder sentarnos en él. Y creo que entiendo por qué a Jack Gasnick le satisfacía tanto su colección. Si los ricos se deleitan en sus interminables hectáreas, ¿qué tiene de raro que la gente normal y corriente pueda obtener algún placer de poseer un par de metros cuadrados de hierba? Y si la gente te mira raro, siempre puedes explicarles que tu finca en miniatura es una crítica del capitalismo. Seguro que lo entienden.

ABUNDANCIA

54° 20' 00" N; 81° 47' 15" E

La relación entre lugar y bienestar parece ser inherente al cerebro humano. La idea de progresar en la vida sugiere mudarse a un lugar mejor, y no es de extrañar que quienes quieren escapar de la civilización industrial y construir una sociedad perfecta suelan concentrar sus esfuerzos en crear modalidades nuevas de lugares. Antaño asociado con las comunas hippies, este impulso utópico se ha extendido y diversificado hasta el punto de que hoy en día existe una variedad enorme de «comunidades intencionales», de las cuales los asentamientos respetuosos con el medio ambiente y fuera de las redes eléctrica y de servicios son los que crecen más deprisa. Existen miles por todo el mundo de habla inglesa, pero mi ejemplo viene de orillas del río Ob, a dos mil ochocientos kilómetros al este de Moscú y a cien al suroeste de Novosibirsk, la mayor ciudad de Siberia.

El deseo de escapar de la vida urbana y construir una utopía no es nuevo en Rusia; sin embargo, durante las últimas décadas, a raíz del colapso de la URSS y de la desintegración social que se ha adueñado de muchos pueblos y ciudades, una nueva generación de gente ha hecho las maletas y se ha marchado al bosque. Un ejemplo son las dieciséis familias que actualmente viven al final de un camino sin asfaltar de tres kilómetros, en la aldea de Abundancia.

Es una paradoja que solamos relacionar el concepto de utopía con lugares concretos. *Utopía* es el neologismo que inventó Tomás Moro para expresar un «no-lugar», un término destinado a contrastar con los lugares reales, que están frustrantemente —pero también inevitablemente— llenos de historias, ideas y personas distintas. La idea misma de utopía ya sugiere que los lugares utópicos no funcionan nunca. Y sin embargo, los intentos de fundar esos lugares son el pan de cada día; muchos pueblos y zonas residenciales normales y corrientes empezaron su andadura como comunidades ideales. Entre esos propósitos y la realidad de construir lugares se produce una fricción creativa que socava el purismo utópico, pero también genera proyectos innovadores.

Abundancia forma parte del nuevo fenómeno que se ha denominado «éxodo verde de Rusia» y que se refiere a la fundación de centenares de ecoaldeas en los bosques, a menudo establecidas por profesionales y personas formadas que están dando la espalda a lo que ellos consideran la naturaleza corrupta y corruptora de la Rusia moderna. Muchas de esas ecoaldeas tienen sus raíces en las comunidades anarcocristianas y tolstoyanas que se fundaron a principios del siglo pasado y acabaron desmanteladas por la colectivización soviética, y también en las pequeñas cooperativas agrícolas defendidas por otra víctima de la URSS, Alexánder Chayánov. Aunque el «éxodo verde» es demasiado diverso para las generalizaciones fáciles, a menudo viene marcado por el anhelo semimístico de una Rusia más pura, amable y auténtica.

Abundancia forma parte de una secta ecoespiritual llamada «Movimiento Anastasia», basada en una serie de nueve libros escritos por Vladímir Megre, en los cuales afirma que conoció en 1994 a una hermosa joven llamada Anastasia a orillas del río Ob. Cuenta también que los padres de la joven habían muerto poco después de que ella naciera y que «desde entonces ella se había valido por sí misma, vigilada únicamente por su abuelo, su bisabuelo y algunos animales "salvajes"». Anastasia le reveló a Megre una filosofía de la ecocultura en la que «cada persona desempeña su rol de co-Creador Divino» y le enseñó que «todo el mundo tiene derecho a una pequeña parcela de tierra en la que plantar su comida, construir su casa y criar a su familia sin pagar impuestos».

Este resultó ser un mensaje bastante oportuno, puesto que el gobierno ruso estaba deseoso de privatizar y diversificar la propiedad de la tierra. Plantar tu propia comida y cuidar tu propia parcela son prácticas tremendamente populares en Rusia; en 1999 se calculaba que el 71 % de la población del país ya tenía una parcela y se dedicaba a cultivarla. En 2003, el mismo año en que se fundó Abundancia, la Ley de Parcelas y Huertos Privados permitía a los ciudadanos rusos reivindicar terrenos libres de entre una y tres hectáreas. Los anastasianos se toman al pie de la letra la afirmación del primer ministro ruso Dmitri Medvédev de que, debido a «la magnitud de un país como el nuestro, que tiene unas dimensiones tan grandes, no tiene sentido que todo el mundo se concentre en las ciudades», y que resultará «más útil para nuestra salud y para nuestro país que nos dispersemos».

En el mensaje anastasiano también resuena el ascenso del conservadurismo cultural en Rusia. El énfasis que pone el movimiento en los valores familiares tradicionales, así como su veneración por las artes y los oficios rusos y la cocina casera, están en consonancia con el espíritu de los tiempos. Las haciendas de Abundancia, todas de al menos una hectárea, no pueden venderse, solamente heredarse. A diferencia de algunas de las aldeas más hippies que ha producido el éxodo verde, Abundancia es un lugar que busca de forma deliberada y nostálgica su utopía en el pasado.

Y, sin embargo, parte de esa nostalgia consiste en reivindicar una historia de colectivismo y de cooperación mutua. Cada casa ayuda a las demás y también a los recién llegados. La familia del ex médico Valeri Popov enseña a los recién llegados a construir sus cabañas de troncos. Otra familia, los Nadezhdin, antiguos dentistas, son los panaderos del pueblo. Una profesora de música llamada Klavdiya Ivanova fabrica ropa tradicional rusa. Estos oficios locales se destacan en la muy profesional página web de Abundancia, junto con toda una serie de alegres historias y consejos para regresar a una forma de vida más saludable y rusa. Uno de los líderes de la comunidad de

Abundancia, Dmitri Ivanov, ex oficial de la Marina que ahora ayuda a instalar cocinas en las cabañas, explica lo siguiente: «Es la madre patria la que nos enseña a vivir en armonía». Pese a toda la retórica new age, estamos en un lugar donde fluye el deseo patriótico de regresar a la Rusia real.

Coger los valores tradicionales rusos e investirlos de un contenido espiritual y ecologista ha resultado ser una fórmula muy atractiva. En la actualidad, el Movimiento Anastasia ya cuenta con más de cien mil activistas registrados y ochenta y cinco aldeas, algunas mucho mayores que Abundancia, dispersas por toda Rusia (solamente en la región de Novosibirsk hay cuatro aldeas anastasianas). Sin embargo, el hecho de que lugar y utopía no forman una buena pareja acaba siempre cayendo por su propio peso. Para empezar, la filosofía anastasiana no cuenta con una admiración universal, ni mucho menos. De hecho, según Ivanov, «no es tan importante», y Abundancia va a su aire. «Es más importante que elijamos el camino que queremos seguir, sea o no el de Megre.»

Un poco de geografía clásica puede ayudarnos a entender cómo mantienen la cohesión los lugares utópicos. A los geógrafos les gusta identificar los factores de «atracción y repulsión» cuando intentan averiguar cómo se pone en marcha un asentamiento concreto. Abundancia posee elementos poderosamente atractivos: tiene líderes y una ideología que arrastra a la gente. Sin embargo, las poderosas fuerzas que repelen a las personas de los lugares convencionales parecen ser igual de importantes. Si uno escucha las entrevistas a los aldeanos, oirá una y otra vez la misma versión de lo que los ha hecho marcharse tan lejos de la ciudad y del «sistema». Ivanov le explicó lo siguiente a un periodista freelance que estaba de visita en Abundancia: «Toda mi vida he sido una pieza del sistema. En la escuela, en la universidad y luego cuando era un oficial fiel». Pero el sistema le falló: «Se derrumbó ante mis ojos, lo destruyeron los comerciantes, los ladrones y unos gestores espantosamente corruptos». Abundancia, dice una joven madre, está dedicada «a nuestros futuros hijos, para que ellos puedan ser más "reales" que nosotros». Olga Kumani, vecina de una ecocomuna cercana en Askat, cuenta que en 2002 dejó su trabajo de reportera de sucesos en Novosibirsk. «No podía respirar en la ciudad; el sistema estatal me asfixiaba.» Pero su huida no funcionó: «Los líderes de la comuna solamente querían controlar nuestro dinero y aprovecharse de nuestro trabajo». De forma que los factores de repulsión siguieron repeliendo a Olga y la empujaron a mudarse a un paraje todavía más remoto de esta enorme región.

Lo que sostiene las utopías no es solamente la visión de un lugar perfecto, sino también la experiencia de haber vivido en uno malo. La ironía es que a menudo estos lugares malos empezaron siendo sitios ideales, y su fracaso provocó que la gente se fuera en busca de alternativas más perfectas. Sin embargo, Abundancia también nos enseña que la búsqueda de utopías puede derivar rápidamente hacia otros proyectos más factibles: a medida que el purismo ideológico cede terreno a las necesidades cotidianas, puede ofrecer tanto beneficios tangibles a los individuos como ejemplos concretos de cambio social. Hoy en día ese «no-lugar» que es la utopía cuenta con miles de avanzadillas. Algunas son restos de esperanzas pasadas, mientras que otras acaban de fundarse; todas, sin embargo, ilustran el ansia poderosa y paradójica que tiene la humanidad de huir y encontrar un hogar.

MONTE ATHOS

40° 09' 32" N; 24° 19' 42" E

La Montaña Sagrada, el Monte Athos, es en realidad una península que se adentra cincuenta kilómetros en el mar Egeo. A lo largo de sus costas hay veinte monasterios ortodoxos griegos, rodeados de altas murallas y torretas. La mayoría se fundaron hace más de mil años y sus sólidas defensas y altas torres fueron consolidándose a lo largo de los siglos para protegerlos de los piratas. Athos también contiene la ciudad medieval de Karyés, la aldea de Dafne y muchas capillas y ruinas antiguas. Es un paisaje agreste e impracticable, únicamente accesible en barco y erizado de montañas que en su lado sur se elevan más de dos mil metros.

Para mí no está fuera del mapa, pero sí que puede estarlo para vosotros. Porque Athos es un ejemplo extremo de lugar definido por su exclusión. Las mujeres no pueden entrar allí; ni siquiera las turistas que sientan curiosidad por el paisaje pueden acercarse a menos de medio kilómetro de su costa. Si desembarcaran serían condenadas a un periodo de cárcel de entre dos meses y un año. No solamente las mujeres tienen la entrada prohibida, sino también todas las hembras del reino animal. Una de las pocas excepciones son las gatas, que, según los monjes, fueron un «regalo» de la Divina Providencia de la Virgen para controlar las ratas. La posibilidad de visitar el lugar está restringida a los hombres adultos y a los «muchachos acompañados de sus padres».

El deseo de lugares religiosos exclusivos para hombres puede parecer anacrónico, pero la historia de Athos demuestra lo bien que resiste este concepto el paso del tiempo. Según la leyenda, Athos es un jardín sagrado que Dios le regaló a la Virgen María. Esta y su compañero de viaje, Juan el Evangelista, se dirigían a visitar a Lázaro en Chipre cuando una tormenta los arrastró hasta la costa este de la península. Desembarcaron cerca de un templo pagano dedicado a Apolo; hoy en día, esa playa alberga el monasterio de Ivirón. Se cuenta que los «ídolos paganos» llamaron a la población local para que acudiera a recibir a María y que la gente los obedeció: abandonaron sus viejas costumbres y se convirtieron a la nueva fe. Impresionada por la belleza de la zona, María rezó a Dios para que se la entregara a ella. Dios le dijo: «Que este lugar sea tu patrimonio, tu jardín y tu paraíso, además de una salvación y un refugio para quienes buscan salvarse».

El Monte Athos está dedicado a la Virgen y la gran mayoría de sus numerosos iconos son imágenes de ella, pero aun así sigue siendo un santuario masculino. Cuando se cuestiona la legalidad del veto a las mujeres, sus defensores sostienen que hay que entender sus trescientos treinta y cinco kilómetros cuadrados como un solo monasterio enorme. «Se consideran los veinte monasterios del Monte Athos como una sola entidad —explicó uno de los defensores laicos de la Montaña Sagrada, el político austríaco Walter Schwimmer, en una reciente conferencia internacional dedicada al Monte Athos—. La prohibición de la entrada de mujeres en un monasterio masculino no tiene nada de extraordinario, sino que es una regla comúnmente aceptada». El argumento de Schwimmer se basa —y subraya esto— en que la exclusión espacial sigue siendo una faceta bastante aceptada de la vida religiosa. Su mayor impacto es el que tiene ocasionalmente sobre los no creyentes. Dos de los lugares más visitados del mundo, La Meca y el centro de Medina, son también dos de los más inaccesibles: los no musulmanes están vetados.

Muchos templos mormones e hindúes tampoco aceptan la entrada de los no fieles, pero esa atención a la fe es más la excepción que la regla. Habitualmente, cuando se trata de acceder a lugares religiosos, lo que importa no es la fe, sino el sexo. Con la excepción de algunas comunidades cristianas y judías reformadas, a las religiones siempre les ha incomodado mucho la presencia de mujeres. Hasta hace poco, a las mujeres no se les permitía entrar en el santuario de las iglesias católicas, mientras que la tradición musulmana e hindú del purdá tiene a millones de mujeres atrapadas en sus casas o bien asomándose al mundo desde detrás de un velo «protector». En algunas de las aldeas hindúes más remotas del Nepal sobrevive la práctica del *chaupadi*. Esta tradición prohíbe a las mujeres entrar en sus propios hogares a lo largo de un periodo de hasta siete noches durante su menstruación. Eso las obliga a vivir y dormir fuera, ya sea en chozas, en cuevas o al raso.

Desde una perspectiva religiosa tradicional, la convivencia de hombres y mujeres en pueblos y aldeas es el origen de problemas infinitos. Y estos solo pueden resolverse orquestando rituales de separación. El Monte Athos se libra de estos quebraderos de cabeza. Es un espacio utópico en el que por fin se materializa el deseo del religioso célibe masculino: vivir sin distracciones ni tentaciones. Es lo mejor que puede ofrecer la tierra hasta el día de la resurrección, cuando los hombres puedan despojarse por fin de sus cuerpos mortales.

De sus legendarias «seis mil barbas», el número de monjes de Athos se ha visto reducido a unos dos mil. Son una comunidad dotada de gobierno propio y cuya autonomía política está consagrada en la legislación griega, ya que la Constitución del país reconoce Athos como «un territorio autónomo dentro del Estado griego cuya soberanía ha de permanecer intacta en adelante». El único obispo que tiene autoridad sobre Athos es el «patriarca ecuménico de Constantinopla-Nueva Roma» (la ciudad que el resto del mundo conoce como Estambul), donde en 1046 el emperador Constantino Monómaco santificó el veto a las mujeres en Athos.

La prohibición de que entren mujeres en Athos tiene hasta un nombre legal: *avatón*. En tanto que ley, hay que considerarla un éxito en sus propios términos. A pesar de su larga historia y su tan cacareada belleza, el número de mujeres que se sabe que han entrado en Athos es muy pequeño. Una de ellas es Helena de Bulgaria, que llegó allí huyendo de la peste en el siglo XIV, pero quizá no haya que contarla porque sus pies no llegaron a tocar el suelo. En deferencia a la tradición local, la llevaron en silla de manos durante toda su estancia. Sin embargo, unos pies mucho más decididos pisaron Athos cuando pasó por allí de visita Maryse Choisy, una psicoanalista francesa que había sido paciente de Freud. Choisy se puso un enorme mostacho falso y se vistió de sirviente masculino. También aseguraba haberse hecho una mastectomía radical doble, que ella calificaba de «amazónica». Su entrega a la causa rindió frutos y pudo pasar un mes en Athos. En su libro de 1929 *Un mois chez les hommes* ('Un mes en casa de los hombres'), Choisy cita la interesante aclaración que le hizo un monje del monasterio de Vatopedi acerca del veto a las gallinas, que estaban prohibidas al igual que el resto de las hembras de animales: «Tenemos que poner el límite en alguna parte. El día en que tengamos una gallina, habrá hermanos que digan que tenemos que aceptar también una gata, una cordera (que es un animal útil) o hasta una burra. Y de una burra a una mujer solamente hay un paso». La lista de animales prohibidos del monje sugiere que la admisión de gatas en Athos es una concesión relativamente reciente. Enfurecida por la misoginia que se encontró en el lugar, Choisy se regodea en sacar a la luz las miserias de la Montaña Sagrada, pintando a los monjes como perezosos, cortos de luces y atormentados por el deseo homoerótico. Su crónica es burlona y procaz, y hay quien considera todos sus episodios sexuales como una sarta de mentiras vengativas. Las comunidades de un solo sexo son terreno abonado para las bromas. Sin embargo, se trata de una curiosidad maliciosa que señala una paradoja real: puede que en esos lugares se repudie el sexo, pero también es su principio rector y, por tanto, su obsesión.

Seguramente Athos nunca dejará de sufrir esporádicas incursiones femeninas. Sin embargo, lejos de conseguir que los monjes duden de su reivindicación territorial de sexo, las intrusiones y las burlas solamente parecen reforzar su idea de que son los defensores de un patrimonio sagrado. El avatón no es más que una de las muchas formas en que Athos se muestra orgullosamente desfasado respecto al mundo moderno. Por ejemplo, las visitas de extranjeros se permiten muy a regañadientes. Los monjes únicamente emiten diez permisos de visita diarios para los no ortodoxos, y hasta un centenar para «griegos y ortodoxos». Cuando desembarcan en Athos, los visitantes tienen que retroceder literalmente en el tiempo. La Iglesia ortodoxa griega adoptó el calendario gregoriano en 1924, pero Athos no. Allí los monjes siguen usando el antiguo calendario juliano (una práctica que también conservan las sectas «vétero-calendaristas» de Grecia, Rumanía, Bulgaria y Estados Unidos). En consecuencia, Athos va trece días por detrás del resto del mundo.

Los tercos arcaísmos de Athos y la belleza de su paisaje hacen que bastante gente quiera proteger el lugar, entre ellos el príncipe Carlos de Inglaterra, que lo visita con regularidad. Y, sin embargo, el avatón se sustenta en un sofisma bastante repelente. Sus defensores actuales apelan al respeto a la diferencia cultural. Walter Schwimmer afirma: «Quienes exigen que se termine el veto a las mujeres en el Monte Athos simplemente no respetan la forma de vida que han elegido los monjes que viven allí». Pero la afirmación de Schwimmer suscita una pregunta no tan retórica: «¿Acaso esa falta de respeto a los demás, que viola su dignidad humana, puede ser el fundamento de un "derecho humano"?». Se trata de un argumento peliagudo que no genera demasiada simpatía hacia Athos. La misma defensa podría usarse para refutar todos los derechos humanos, simplemente porque contravienen los deseos de alguien. La defensa basada en el «respeto a mi decisión de discriminar» también nos recuerda que, cuando la comparamos con los muchos ejemplos de lugares vetados a las mujeres por cuestiones religiosas, la Montaña Sagrada no parece un lugar encantadoramente excepcional, sino más bien un caso extremo dentro de una tendencia generalizada.

QUILOMBO DAS BROTAS

23° 00′ 59″ S; 46° 51′ 31″ O

El Quilombo das Brotas, o 'Rancho de los Brotes', es uno de los viejos nombres de un pueblo afrobrasileño fundado por antiguos esclavos. *Quilombo* es el nombre genérico que se da en Brasil a los territorios libres que establecieron los esclavos fugados. Eran de todos los tamaños y formas, y el más famoso fue Palmares. Fundado en 1600 en la costa nordeste de Brasil, Palmares fue una república de ex esclavos que, según se cuenta, tenía el tamaño aproximado de Portugal. Sobrevivió durante ochenta y nueve años, mucho más que la mayoría de los quilombos. Hoy en día dos mil zonas residenciales y aldeas podrían tener raíces en los quilombos. La Fundación Palmares, adjunta al Ministerio de Cultura brasileño, reconoce 1.408, dispersos por veinticuatro de los veintisiete estados de Brasil.

Los quilombos permanecieron en el olvido durante la mayor parte del siglo pasado. Carentes de distintivos y de reconocimiento, perduraron como enclaves desvencijados, absorbidos y rodeados por municipios modernos que o bien expropiaban sus tierras o bien hacían lo posible por relegarlos al olvido. Pero la Constitución brasileña de 1988 cambió la situación al reconocer la legitimidad de las tierras de los quilombos. Fue un cambio trascendental, puesto que la Constitución declaraba: «Por la presente se reconocen los derechos de propiedad definitivos sobre los restos de los quilombos que han estado ocupando unas mismas tierras; el Estado les concede la titularidad de esas tierras». En 1995 se anunció un año de celebración nacional para conmemorar la muerte de Zumbi, el último líder de Palmares, a quien se concedió de forma oficial el título de «héroe de la nación brasileña». En respuesta al nuevo clima, muchas comunidades han salido del armario como quilombos, celebrando lo que ellos llaman «festivales de autodefinición», habitualmente el 20 de noviembre, que es el «día anual de la conciencia negra» en Brasil.

Los quilombos se han convertido en las piezas centrales de una confianza y un orgullo renovados entre los afrobrasileños. Su reconocimiento también ha suscitado preguntas interesantes sobre la gran importancia que tuvieron los «espacios libres» en la lucha contra la esclavitud y a favor de la identidad negra. Escapar no consiste únicamente en largarse corriendo, sino que también hace falta tener otro sitio adonde ir y en el cual poder echar raíces. Si los lugares libres no son sostenibles, entonces la huida se vuelve imposible y la resistencia muere lentamente. La historia de los quilombos ayuda a entender estas verdades tan sencillas, aunque también plantea problemas más complicados. A fin de cuentas, si los quilombos son comunidades de fugados, ¿qué sentido tienen una vez abolida la esclavitud y en un mundo donde los afrobrasileños no son más que otro grupo étnico dentro de una sociedad multirracial? Al referirse a los quilombos como «restos», la Constitución transmitía una idea clara: reconocía su historia, pero también los relegaba al pasado. ¿Cuándo deja un lugar de ser un quilombo? ¿Cuándo deja de estar definido por su pasado? La respuesta se ha fraguado en las dos últimas décadas, a medida que evolucionaba el movimiento de los quilombos, y al menos de momento parece ser esta: «Nunca».

El Quilombo das Brotas está siendo puesto a prueba por todas estas cuestiones. Alberga a unas treinta familias y está en las afueras de Itatiba, un pueblecito situado a setenta y seis kilómetros de la boyante megalópolis de São Paulo. Las casas están hechas con bloques de cemento y azulejos de amianto y se despliegan a lo largo de un frondoso suburbio de caminos de tierra y bosque tropical. Este modesto enclave antaño formó parte de un santuario mucho más grande que atraía a fugitivos procedentes de todos los puntos cardinales. Sin embargo, al igual que sucedió en otros muchos quilombos, una pequeña parcela de tierra acabó siendo comprada por dos ex esclavos de una granja, Emília Gomes de Lima e Isaac de Lima, los rancheros originales que sembraron y plantaron los vástagos, de donde viene el nombre de «rancho de los brotes». La historia que ha circulado de boca en boca afirma que Isaac de Lima quería que «todo el mundo que tenga mi sangre disponga de un lugar donde vivir». Muchos de los lugareños aseguran que esta primera pareja de terratenientes son antepasados suyos, quienes serían los tatarabuelos de su habitante más anciana y matriarca del lugar, Ana Teresa Barbosa da Costa, a quien la mayoría de la gente del Quilombo das Brotas llama simplemente «tía».

La propiedad del Quilombo das Brotas ha estado en peligro muchas veces durante los últimos cien años. Los impuestos sobre la propiedad, la falta de reconocimiento oficial y los planes para convertir todo el lugar en el vertedero de un hospital han estado a punto de destruirlo muchas veces. Hasta hace poco era de difícil acceso y estaba en la peor parte del pueblo. Poca gente lo visitaba, aparte de quienes iban a rezar al popular templo de la religión o culto umbanda que hay allí. Las entrevistas con los habitantes de Brotas han mostrado siempre que estos quieren evitar a toda costa que se pierda su pasado. «Hoy en día, después de ocho generaciones, la mayoría de los habitantes del quilombo son mestizos —le explicó el vecino de Brotas Paulo Sergio Marciano a un periodista de la BBC—. Sin embargo, nuestra prioridad es recuperar nuestras tradiciones y la conexión entre Brasil y África.» En la actualidad, esta pasión nostálgica por fin recoge sus frutos, y el estado de São Paulo ha reconocido el Quilombo das Brotas como un quilombo urbano, un logro que ha traído consigo toda una serie de informes oficiales y académicos sobre su pasado y su futuro.

Salir de las sombras también ha planteado desafíos concretos, algunos relacionados con la ley de propiedad inmobiliaria. Como

pasa en la mayoría de los quilombos, las escrituras del Quilombo das Brotas nunca llegaron a formalizarse del todo. La propiedad de la tierra ha tenido que demostrarse por medio de distintas fuentes, como por ejemplo historias orales y, literalmente, objetos desenterrados. Han salido a la luz cadenas y bolas de hierro que han pasado a manos de las autoridades, así como una figura femenina de piedra procedente de África. Estos objetos son importantes porque sirven como pruebas de autenticidad y de propiedad. Esto fue especialmente importante a principios de la primera década del siglo XXI, cuando los lugareños tuvieron que enfrentarse a una constructora que había empezado a edificar bloques de apartamentos de lujo en sus tierras. En 2003, un funcionario del gobierno afirmó que el Estado «no se encuentra en posición de establecer si se ha producido o no una invasión de esas propiedades, dado que estas carecen de límites claros». Desde entonces han cambiado muchas cosas. Se han fijado esos límites y las nuevas inversiones han traído al Quilombo das Brotas farolas y un centro sobre el patrimonio y la tradición. Ciertamente se ha producido una revolución en las actitudes. De ser un lugar marginal dejado de la mano de Dios, Brotas ha pasado a convertirse en un destino de moda, sobre todo para una nueva generación con mayor conciencia social. Ahora se celebran allí festivales interraciales y actividades acerca de la historia que atraen a gente de todo el distrito.

La «quilombización» de Brasil está haciendo salir a la luz a una serie de comunidades antaño ocultas. Incluso hay asentamientos que no alegan haber sido fundados por esclavos fugados, pero que obtienen igualmente reconocimiento como quilombos por el hecho de que su población es mayoritariamente negra. En una entrevista que le hizo un colega antropólogo, Alfredo Wagner Berno de Almeida, que trabaja con quilombos de todo el país, advierte acerca de los peligros de tratarlos como si fueran un patrimonio congelado en el tiempo. «El quilombo no es una esfinge ni una pirámide. No son monumentos ni tampoco constituyen parte del patrimonio artístico. Forman parte de la vida productiva del país.» Sin embargo, el mero hecho de llamar *quilombos* a estos lugares ya los está relegando al pasado y a la época de la esclavitud. Su consideración oficial como «restos» casi resulta insultante, pero al menos deja claro que las cosas han cambiado y, entre líneas, advierte de los peligros del inmovilismo y la museificación. Otros, como el diputado federal Onyx Lorenzoni, se quejan de que la marcha de los quilombos «está dividiendo Brasil en naciones de distintos colores».

¿Acaso el Quilombo das Brotas está dejando de ser una avanzadilla de la cultura afrobrasileña para convertirse en una máquina del tiempo negra subsidiada? Gentes de todos los colores y orígenes están mudándose al Quilombo das Brotas e involucrándose en él. Su redescubrimiento le añade algo único y trascendente a todo el pueblo. Esto significa que por fin, después de mucho tiempo, se empieza a reconocer la importancia de estos lugares para la cultura afrobrasileña y la resistencia contra la esclavitud. Aun así, plantea el interrogante de hasta dónde se llegará y de cuántos quilombos hay realmente. En un país donde sigue sin estar claro qué porcentaje de gente se considera a sí misma afrobrasileña —las estimaciones se mueven entre el 8 y el 53 %—, resulta imposible saberlo. Lo que sí está claro, sin embargo, es que los quilombos no son simples «restos» de algo desaparecido, sino lugares que acuden al pasado para definir su presente. Esto es algo que hacen todos los lugares vivos y que puede comportar que a veces parezcan más interesados en conservar viejas tradiciones que en inventar otras nuevas. No obstante, es un riesgo que merece la pena: de hecho, es un riesgo que *hay que* correr si se quiere que los lugares sean comunidades y no simples espacios habitados transitoriamente por seres humanos. Sin la presencia unificadora del pasado, los lugares carecen de un futuro significativo.

LA COLOMBIA CONTROLADA POR LAS FARC

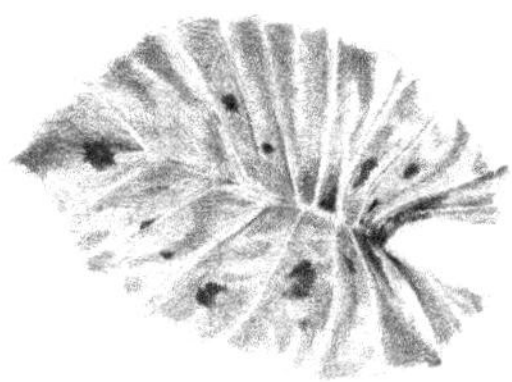

En un mundo cada vez más vigilado y homogeneizado puede parecer que los lugares insurgentes son un anacronismo. De ser así, las Fuerzas Armadas Revolucionarias de Colombia (FARC) no se han enterado de ello. A principios de la primera década del siglo XXI controlaban un 40 % de Colombia. Durante la última década, su zona de influencia se ha reducido a poco menos del 30 % del país, pero eso no deja de ser una cantidad enorme de selva.

La capacidad y la voluntad de las FARC para aferrarse a su territorio van en contra de las tendencias globales. No es que los militantes fuertemente armados hayan pasado de moda, más bien nos hemos acostumbrado a una modalidad distinta. Los grupos islamistas se mueven de un lado a otro como fantasmas, escurriéndose en silencio por habitaciones de alquiler y naciones anárquicas. Su única esperanza de control territorial proviene de la connivencia de una serie de naciones que los consideran útiles, o bien de Estados fallidos que no les suponen ningún estorbo. Tanto Somalia como

Afganistán, Sudán, Yemen del Sur, Mali y Pakistán han encajado en una de estas categorías o en ambas. Al-Qaeda, 'la base' en árabe, encontró su base en el Afganistán controlado por los talibanes. Lejos de esos santuarios protegidos, los militantes islamistas se ven obligados a camuflarse en forma de redes ilocalizables. Los resultados nos han cambiado la vida a todos, así que no es de extrañar que las maniobras espectrales de esos grupos hayan dado forma a nuestras ideas sobre la geografía de la insurrección armada.

En consecuencia, se ha pasado por alto, o bien se ha relegado al pasado, un tipo muy diferente de rebelión que tiene una relación distinta con el lugar. Sin embargo, los rebeldes armados de ideologías socialistas revolucionarias no han desaparecido. Están, por ejemplo, los maoístas de Nepal, que en la primera década del siglo XXI ocupaban el 80 % del país, y los maoístas naxalitas de la India, que en la actualidad tienen el control operativo de grandes franjas de selvas remotas. Otro ejemplo son los socialistas nacionalistas del Partido de los Trabajadores del Kurdistán, el PKK, así como sus filiales políticas. Su base de operaciones está en las montañas de Qandil, en el norte de Irak, pero su esfera de control se extiende hasta adentrarse en el norte de Siria e Irán.

A menudo, estos revolucionarios de izquierdas han mostrado poco respeto por la vida humana. Y, sin embargo, se trata de movimientos de base, arraigados en el campesinado y con muchos cuadros femeninos, lo cual, en términos geográficos, es muy importante. Esto implica que tienen sus raíces en el lugar y que pueden y quieren retener el territorio que ellos consideran su tierra. Esto contrasta brutalmente con el terrorismo islamista, que es un fenómeno de jerarquías verticales, dominado por completo por hombres y geográficamente itinerante.

Las FARC tienen una verdadera implicación en su lugar de origen. Fueron fundadas en abril de 1966 por guerrilleros de izquierdas originarios de una serie de comunidades granjeras comunistas que para entonces ya llevaban casi dos décadas librando una guerra de «autodefensa masiva» contra las fuerzas del gobierno. Las FARC se desarrollaron en zonas rurales que ya tenían una larga tradición de fiera autonomía y desconfianza hacia el gobierno central de la capital, Bogotá. Hacia los años ochenta, sin embargo, ya habían

extendido su control mucho más allá de sus lugares de origen. Militarmente, avanzaban en más de dieciocho frentes y ya añadían con orgullo a su nombre la expresión «Ejército Popular». Según el experto en las FARC Gary Leech, operaban «como gobierno de facto de unas comunidades rurales ubicadas en unas gigantescas zonas campesinas donde el Estado jamás había tenido presencia».

Durante los últimos veinte años, las FARC han cambiado su ideología por un «socialismo bolivariano» más nacionalista y flexible. Han dejado las restricciones del marxismo-leninismo a sus a veces camaradas y a veces enemigos del grupo más pequeño denominado Ejército de Liberación Nacional (cuya zona de influencia son las montañas del noroeste del país). Sin embargo, a fin de entender por qué las FARC siguen dando tanta importancia a conservar las selvas y las aldeas más remotas de Colombia, tenemos que acudir a una serie de clásicos revolucionarios. Seguramente el más importante sea *La guerra de guerrillas*, escrito por Ernesto «Che» Guevara y publicado en 1961. «Aquí un grupo guerrillero se puede atrincherar —escribe—. La aviación no puede ver nada y es inoperante; los tanques y cañones muy poco pueden hacer debido a las dificultades de avanzar por estas zonas.» Construir un espacio defensivo también permite asentar una infraestructura revolucionaria: «las pequeñas industrias que [se] han de necesitar, así como los hospitales, centros educativos y de entrenamiento, además de los almacenes, órganos de difusión, etcétera».

Pero estos detalles técnicos únicamente arañan la superficie de las ambiciones de Guevara. Sus verdaderas motivaciones eran políticas. Asentar un grupo armado en el campo permite que la revolución vaya y venga del «pueblo». Construir eso que otro líder guerrillero obsesionado por aferrarse al territorio, Mao Zedong, llamaba «la base del pueblo» es tanto el medio como la meta. «La idea», citando otra vez a Mao, es que «la guerra de guerrillas básicamente deriva de las masas y se sustenta en ellas. No puede existir ni florecer si se separa de la simpatía y la cooperación del pueblo». Esto cuesta un poco de creer viendo la implacabilidad de las FARC, que obtienen gran parte de sus ingresos secuestrando a traficantes de droga y cobrándoles un «impuesto revolucionario». Sin embargo, la idea les proporciona lo que ellos consideran un fundamento probado y firme para su misión de redibujar el mapa del país en forma de zonas de insurgencia y de poder imperialista.

Pero la teoría no acaba de funcionar. Las FARC no han mostrado mucha habilidad para mantener «la simpatía y la cooperación» del pueblo colombiano. Un sondeo de la empresa Gallup llevado a cabo en 2001 mostraba que menos del 3 % de los colombianos tenía una opinión favorable de ellos. Mucha gente les echa la culpa de una guerra que ya ha matado a doscientas cincuenta mil personas y que ha provocado que varios millones más tengan que huir de sus hogares. Este conflicto parece al mismo tiempo interminable y absurdo. Aunque la determinación de las FARC por controlar su territorio ha tenido éxito, el grupo nunca parece saber qué hacer a continuación. Tanto el Che como Mao habrían seguido avanzando, puesto que ambos veían las montañas y las selvas como un simple trampolín. Pero las FARC no solamente tienen su base en el mundo rural; también están sepultadas allí.

Lo que las ata es en parte el sentimiento, pero también la cruda realidad de que las zonas rurales son las únicas donde su mensaje sigue teniendo algún apoyo. Alfredo Rangel, ex funcionario del Ministerio de Defensa reconvertido en empleado de seguridad privada en Bogotá, explica en una revista política colombiana que, aunque «sus credenciales nacionales son invisibles o bien carecen de credibilidad, su apoyo armado a nivel local y su capacidad para sacar provecho del desempleo juvenil en el campo les permite establecer reductos de lealtad en muchas regiones».

El resultado es una sucesión interminable de tímidos avances seguidos de retiradas apresuradas, y en los últimos años ha habido más de lo segundo que de lo primero. Cuanto más se prolongaba esta situación, más influía esa voluntad de las FARC de pelear por el territorio en la mentalidad del resto de los combatientes. El ejército colombiano, por ejemplo, también afirma que su misión es conquistar territorios y defenderlos. Lo mismo puede decirse de la fuerza paramilitar anticomunista de las Autodefensas Unidas de Colombia (AUC), que a mediados de los años noventa afirmó que su intención era «reconquistar» las tierras «colonizadas» por las guerrillas, «porque es ahí donde la subversión ha conseguido crear un gobierno paralelo».

En 1988 dio la impresión de que el *impasse* estaba a punto de acabarse cuando el gobierno entregó una franja enorme de tierras para apaciguar a las FARC. Se confiaba en que este regalo, del tamaño de Suiza, constituyera la clase de gesto capaz de promover unas negociaciones de paz serias. Aunque la tregua no duró más que unos años —las FARC parecen incapaces de ir más allá de la guerra como razón de ser—, en los últimos años se han hecho cada vez más llamamientos para darle otra oportunidad a la idea. España y Francia han sugerido que crear una zona internacional desmilitarizada, sin la presencia armada ni de las guerrillas ni del Estado, podría ser una salida mejor. Se trata de una solución territorial a una disputa básicamente territorial.

Independientemente del éxito o del fracaso de esta última iniciativa, lo que queda claro más allá de cualquier duda es que las FARC —y organizaciones similares— dan una importancia capital a poseer lugares. Es la lucha por las tierras lo que los define. Lo que los distingue de los terroristas y los convierte en auténticos revolucionarios es su vínculo con el territorio. La mayor parte del terrorismo moderno, en cambio, carece de lugar; florece en un mundo desarraigado. El problema de las FARC es que su ambición geográfica se ha impuesto a todas las demás. Se aferran con tanta fuerza al lugar que han terminado asfixiándolo.

HOBYO

5° 20' 59" N; 48° 31' 36" E

Hobyo ha visto tiempos mejores. Se trata de un pueblo muy antiguo de la costa occidental del Cuerno de África, que prosperó durante muchos siglos gracias al abundante tráfico de las rutas marítimas del Índico. Hace un centenar de años era la capital de un pequeño sultanato y un concurrido puerto comercial, frecuentado por mercaderes de metales preciosos y perlas. Hoy es un pueblo de piratas que todo el mundo intenta evitar. Pero es de noche cuando Hobyo desaparece de verdad. Por chocante que parezca en un pueblo donde una sola embarcación, secuestrada puede reportar más de nueve millones de dólares, nadie ha invertido en un generador eléctrico. Las fotografías nocturnas de los satélites muestran una negrura absoluta. Se trata de un lugar que ve mucho dinero pero vive sumido en una extrema pobreza, ya que el bandolerismo ha saqueado por completo tanto la economía como la identidad de la ciudad.

En la primera década del siglo XXI había en esa misma costa muchos pueblos de piratas, pero Hobyo era uno de los más seguros.

Cuando los islamistas los expulsaron del sur y la policía marítima del norte, los piratas huyeron a Hobyo, a veces llevándose su botín con ellos. En consecuencia, esta se convirtió en un ejemplo inmejorable de «ciudad montaraz», un término que se usa en círculos militares para denominar a las regiones que en la práctica carecen de gobierno y que viven de una economía criminal basada en redes internacionales. Las ciudades montaraces son la cara desagradable de los espacios de excepción: no son producto ni de gobiernos ni de ideologías, sino muestras de lo que pasa cuando se desploman esas estructuras. Según un artículo de Richard Norton para el *Naval War College Review*, las «ciudades montaraces» han «perdido su capacidad para mantener la legalidad» y, sin embargo, siguen siendo «actores funcionales dentro del sistema internacional». Norton emplea una acepción amplia del término y sostiene que México DF, São Paulo y Johannesburgo tienen elementos montaraces profundamente arraigados y que podrían estar camino de convertirse en ciudades montaraces.

Puede que estas ciudades carezcan parcialmente de leyes, pero Hobyo no tiene prácticamente ninguna. Somalia lleva sin un gobierno central operativo desde la guerra civil de 1991, y aunque se encuentra dentro de la provincia somalí de Galmudug y tiene un alcalde propio, Hobyo lleva más de una década en manos de los piratas. Su ubicación en una costa tan remota la convierte en una preciada posesión para ellos. Anclada a casi dos kilómetros de la costa de Hobyo, se encuentra el tesoro de los piratas. «Es más grande que el propio Hobyo», se jactaba un joven pirata ante el periodista francés Jean-Marc Mojon, señalando en dirección a un superpetrolero coreano secuestrado, dirigido a reportar millones de dólares a sus camaradas. Entretanto, la piratería ha generado una industria secundaria de botes pesqueros que transportan suministros desde Hobyo hasta las embarcaciones robadas. Las imágenes de los satélites muestran que hay recintos piratas fuertemente amurallados diseminados por todo el pueblo, cuyos patios están llenos de vehículos. El rasgo más prominente del pueblo es una torre de telecomunicaciones, que los piratas usan para comunicarse con los barcos secuestrados que tienen anclados frente a la costa.

En los últimos años, los piratas somalíes han cobrado en rescates un total de entre ciento cincuenta y doscientos millones de dólares anuales. La magnitud de esta cifra puede apreciarse mejor si se la compara con el PIB per cápita de Somalia, que no supera los trescientos dólares. Todo esto suscita la pregunta de adónde va a parar el dinero de los rescates. A Hobyo no, está claro. Termina en el extranjero o bien tierra adentro. Piratas aparte, Hobyo es un pueblo de casas bajas, polvoriento y ruinoso, que está perdiendo la batalla contra el desierto que lo rodea. Algunas entrevistas que Jean-Marc Mojon hizo a sus habitantes pintan una lúgubre estampa de un pueblo despojado de esperanza y de propósito. Un anciano se queja de que «no tenemos escuelas ni granjas ni pesca: esto es una zona catastrófica». No parece que se le haya ocurrido que la piratería debería estar cosechando beneficios para Hobyo. En cambio, sí le preocupa el desierto: «Nuestra preocupación más acuciante es la arena. El pueblo entero está desapareciendo, estamos quedando enterrados en vida y no podemos oponer ninguna resistencia».

Los jefes piratas de Hobyo ofrecen una justificación de su actividad que se ha convertido en tópica: los barcos extranjeros vinieron a nuestras aguas, nos robaron todo el pescado y nos obligaron a hacernos piratas. La mayoría de los analistas serios, sin embargo, no se tragan la idea de que los piratas preferirían estar pescando. Aunque está claro que fue la pesca ilegal por parte de embarcaciones extranjeras a principios de los años noventa lo que provocó que los pescadores se armaran para defender sus aguas, formándose así los núcleos de las flotas piratas, las pruebas recogidas por el experto noruego Stig Jarle Hansen sugieren que sigue habiendo pescado suficiente en el mar. La magnitud del paso de la pesca a la piratería se entiende mejor como elección económica y social. En una tierra castigada por la pobreza, las recompensas financieras rápidas y enormes de la piratería resultaban demasiado tentadoras.

La historia del pirata somalí más famoso de tiempos recientes, Mohámed Abdi Hassan, conocido como Afweyne ('Bocazas'), afincado en Hobyo, retrata a todo un emprendedor. Afweyne era funcionario y se pasó a la piratería porque suponía una buena oportunidad empresarial. A falta de otras formas de ganar mucho dinero, o de un Estado que quisiera o pudiera detenerlo, se puso a buscar patrocinadores. Un candidato potencial a inversor entrevistado por Stig Jarle Hansen declaraba con tristeza: «Afweyne empezó su andadura

en 2003. Me pidió que invirtiera dos mil dólares, porque estaba reuniendo fondos para montar su negocio [...]. No los invertí y ahora me arrepiento muchísimo». Afweyne viajó a otros pueblos de piratas más asentados de la costa de Puntlandia, contrató y reclutó a los hombres con mejores reputaciones, y enseguida se convirtió en la personalidad carismática y el cerebro empresarial capaz de transformar lo que había sido un fenómeno poco profesional a pequeña escala en una operación bien financiada, bien equipada y dirigida por profesionales. Afweyne también desempeñó un rol importante en la apertura de una bolsa de valores para piratas. Con sede en el pueblo vecino de Harardhere, la bolsa permite a los inversores comprar acciones de diferentes grupos piratas e invertir en ataques específicos a objetivos de gran valor.

Los piratas han estampado en Hobyo su autoridad y su imagen, convirtiendo un pueblo portuario con un patrimonio rico y complejo en una caricatura de la codicia sin ley. Su situación actual no dice precisamente maravillas de la suerte de los lugares sin gobierno. Merece la pena recalcar esto porque, según un estudio del profesor Peter Leeson, autoridad mundial sobre el impacto económico de la piratería, si contemplamos toda una gama de índices de desarrollo, a la Somalia sumida en la anarquía le ha ido mejor que a sus vecinos con gobiernos calamitosos. Leeson también habla en tono entusiasta del «aumento sustancial de libertades personales y derechos civiles que han experimentado los somalíes desde el establecimiento de la anarquía».

Es cierto que en el pasado solía decirse que en los pueblos de piratas reinaba una relativa bonanza económica y que en ellos se permitían ciertas libertades rufianescas. Una de las razones por las que Port Royal, el refugio pirata de Jamaica que floreció en el siglo XVII, estaba protegido por el gobernador de la isla, era que generaba más riqueza de la que podía esperarse de las plantaciones. Parece ser que los piratas de Port Royal solo empezaron a cosechar reacciones hostiles cuando se pusieron a atacar embarcaciones locales.

Port Royal era pequeño comparado con la ciudad china de Cantón. La flota pirata que tenía allí su base a principios del siglo XIX llegó a tener cuatrocientos barcos y sesenta mil hombres. Era *la* economía. En el pasado solía producirse siempre una especie de momento crítico, no demasiado claro, en el que las actividades «montaraces» se volvían predominantes y toda la población empezaba a depender en cierta medida de su éxito. Hoy en día, sin embargo, las ganancias casi nunca se quedan donde se consiguen. El escenario de libertades sin restricción en Somalia que pinta el optimista profesor Leeson se viene abajo en Hobyo. Es un lugar pobre, ruinoso y en manos de bandas rivales de bandidos. Aunque la desaparición repentina de la piratería probablemente perjudicaría a algunos bolsillos locales, Hobyo no es más que un conducto para que el dinero que se obtiene de los navieros extranjeros pase a manos de una serie de financieros somalíes que, según una información publicada en Somalia, viven en unos «hermosos edificios de Nairobi y Dubái» que se conocen como «casas de piratas».

Ser un pueblo montaraz reporta unos beneficios considerables a algunos, pero destruye la vida local, y lo que es peor, supone un auge breve seguido de una rápida decadencia. Hobyo cayó en manos de los islamistas en 2006, que a su vez fueron expulsados al cabo de seis meses por tropas etíopes que apoyaban al gobierno regional. Los islamistas regresaron en 2009 y empezaron a complicarles la vida a los piratas, aunque hay quienes los acusan de limitarse a exigir una parte mayor de los beneficios. Y lo que es más importante, desde 2011 los piratas de Hobyo también han tenido que enfrentarse con embarcaciones comerciales mejor defendidas y con el esfuerzo internacional para destruir las bases piratas, cuyo resultado ha sido que el número de embarcaciones secuestradas ha caído en picado. El atribulado alcalde de Hobyo, Ali Duale Kahiye, ha empezado a manifestar su esperanza de recuperar su pueblo. En una conversación con periodistas en 2012, declaró: «El descenso de la piratería puede ser una bendición muy necesaria para nuestra región. Los piratas eran las máquinas que causaban la inflación, la indecencia y la inseguridad en el pueblo. La vida y la cultura están mucho mejor sin ellos». El gobierno regional está planteando planes ambiciosos para construir un puerto y reintegrar Hobyo a la economía legal.

Puede llegar a parecer que la época de la piratería sin trabas está tocando a su fin. Hace poco, Afweyne anunció que se retiraba del negocio. Lo más probable es que los pueblos de piratas de Somalia acaben recordándose más como excepciones alarmantes que como heraldos de un nuevo desorden mundial. Los lugares montaraces son sitios que se desmoronan, débiles y objeto de guerras y explotación. A los piratas de Hobyo se los podría haber metido en vereda hace muchos años si otros gobiernos hubieran dado más importancia al destino del pueblo. Aunque la determinación de algunos piratas y las extraordinarias recompensas de su actividad pueden explicar en gran medida los años de piratería de Hobyo, la verdad es que solamente existen lugares montaraces si un mundo indiferente los ha abandonado a su suerte.

6

ENCLAVES Y NACIONES SECESIONISTAS

BAARLE-NASSAU Y BAARLE-HERTOG

51° 26′ 20″ N; 4° 55′ 56″ E

No tengo una relación fácil con las fronteras: me asustan y me ponen nervioso. En ellas me han registrado, cacheado y retrasado una y otra vez por mostrar la osadía de cruzar unos metros de tierra. Las fronteras son fallas burocráticas, imperiosas y hostiles. No es de extrañar que haya tanta gente que anhele un mundo sin fronteras. Su existencia recibe habitualmente críticas de muchos académicos del mundo de la geografía, que las representan como actos hostiles de exclusión. Y, sin embargo, en un mundo sin fronteras, ¿adónde podríamos escapar?, ¿adónde valdría la pena ir?

La posibilidad de fundar nuevos lugares soberanos requiere que se establezcan fronteras nuevas, pero también plantea preguntas sobre el significado y las consecuencias de estas, tanto en las naciones étnicas embrionarias del mundo (el Reino Unido de Lunda Tchokwe; Gagauzia) como en los proyectos individuales de autonomía (Sealand). Pero los problemas y los placeres que suscitan las fronteras también pueden observarse en el destino de los enclaves nacionales, algunos de los cuales sufren un exceso de fronteras (los chitmahals) mientras que otros parecen disfrutarlo (Baarle-Nassau y Baarle-Hertog). Debido a que las fronteras son mucho más que simples líneas de exclusión, su abundancia refleja la diversidad de opciones políticas y culturales de la gente. La paradoja de las fronteras es que coartan el libre movimiento y, al mismo tiempo, sugieren un mundo entero de opciones y decisiones.

A pesar de todos sus inconvenientes, hay algo emocionante en la forma en que las fronteras avanzan serpenteando por el planeta, en su poder para imponer ideas e historia a algo tan informe como es la tierra. Tal vez sea esto a lo que se refería Frank Jacobs —que en su columna «Fronteras» en el *New York Times* se dedicaba a desenterrar una rica veta de curiosidades cartográficas— cuando hablaba de la sensación de pérdida que experimentaba cada vez que desaparecía una frontera. Se trata de un síndrome que Jacobs llama «la tristeza de la frontera fantasma» y que él define como «una ligera punzada de dolor causada por el convencimiento de que un mundo con una frontera menos también es un poco menos especial». En una época en la que se nos apremia continuamente a que derribemos las barreras que nos separan, se trata de un pensamiento peligroso. Y, sin embargo, la excéntrica nostalgia de Jacobs resulta extrañamente humana, porque reconoce algo que casi nunca se hace: que a la gente le gusta trazar fronteras y que estas no solamente frustran, sino que también emocionan e inspiran.

Baarle-Nassau y Baarle-Hertog son dos aldeas que están dentro y al lado de la otra. Hay veintidós fragmentos de suelo belga (Baarle-Hertog, 2.306 habitantes) dispersos de forma irregular en territorio de Holanda, dentro y alrededor del pueblo holandés de Baarle-Nassau (6.668 habitantes), y ocho partes de Baarle-Nassau que están dentro de los fragmentos belgas. Algunos tienen forma de bloques, pero otros son como criaturas larguiruchas provistas de tentáculos largos y retorcidos. El enclave más grande de Baarle tiene 1,54 kilómetros cuadrados y el más pequeño, un campo vacío, tiene 2.632 metros cuadrados. De los doscientos sesenta enclaves que existen en el mundo, un 12% están en Baarle y alrededores.

Toda esta abundancia de fronteras implica que, cuando los visitantes pasean por Baarle, nunca están seguros de en qué país están. Cuesta no llegar a la conclusión de que ambos lugares comparten el mismo espacio. Así es ciertamente como lo viví yo durante el lluvioso día de septiembre en que visité Baarle, por mucho que me moviera siguiendo el mapa fractal de los dos municipios. Aunque algunas de las fronteras están marcadas con cruces blancas pintadas en el asfalto, simplemente hay demasiadas para que resulte práctico señalizarlas todas. En una franja de ciento sesenta metros de Kapelstraat, donde los visitantes abandonan un enclave belga de gran tamaño para a continuación cruzar dos pedacitos cercanos de Bélgica con forma rectangular, tuve ocasión de caminar en línea recta a través de cinco fronteras nacionales en menos de un minuto.

Baarle es un lugar amable y perfectamente corriente, y sus habitantes se enorgullecen sin ostentaciones de ser el único caso importante que queda en el mundo de problemas fronterizos medievales. En casi todos los demás, las fronteras se han enderezado y racionalizado, y las anomalías se han resuelto y olvidado. La confusión reinante en Baarle tiene sus orígenes en una época en la que por toda Europa se creaban enclaves de forma habitual como resultado de la complejidad y la fluidez de los dominios de las aristocracias locales y sus reclamaciones territoriales. Un exasperado documento del siglo XVIII describe el territorio francés de Lorena como un lugar «plagado de territorios y enclaves extranjeros intercalados y entrecruzados, todos bajo la plena soberanía de los príncipes y los Estados alemanes». Como resultado de todo esto, el mundo premoderno era una maraña de fronteras. La cita muestra también que en el siglo XVIII los enclaves ya se consideraban un problema. A fin de erradicar muchos de ellos, Francia aplicó tanto tratados de delimitación como conquistas a la vieja usanza. El mundo racional de la Ilustración intentó erradicar el entorno oscurantista e inmanejable de los enclaves. Y nos dejó la visión que tenemos de ellos en la actualidad: una serie de rarezas que de alguna forma demuestran y, al mismo tiempo eluden, la lógica del Estado nación.

La supervivencia de Baarle es una pura cuestión de buena suerte. Después de examinar exhaustivamente todos y cada uno de los matrimonios, divorcios, concordatos y alegaciones que explican los enclaves de Baarle, el profesor Brendan Whyte, ilustre experto en el tema, se limitó a encogerse de hombros. «La integración de Baarle en la Francia napoleónica —nos explicó— podría haber producido fácilmente la racionalización de los enclaves de Baarle, tal como pasó con la mayoría de los enclaves de las fronteras septentrional y oriental de Francia», pero «por alguna razón» no fue eso lo que pasó.

Baarle es una excepción que jamás fue lo bastante importante ni molesta para encabezar la lista de tareas pendientes de nadie. Gracias a que sobrevivió en su estado original, hoy en día nos ofrece un espécimen viviente de cómo eran las microfronteras medievales. En 1959, el tratante de ganado belga Sooy Van den Eynde le disputó al pueblo holandés de Baarle-Nassau la propiedad de lo que él afirmaba que era un territorio históricamente belga. Su caso fue al Tribunal Internacional de La Haya, que le dio la razón. El resultado fue la creación de un nuevo enclave belga de unas doce hectáreas. En 1995 una comisión fronteriza proclamó, después de quince años de trabajos, que las fronteras de Baarle quedaban fijadas de forma definitiva. Sin embargo, la lógica de la fragmentación no puede vencerse con tanta facilidad. En Baarle, el incentivo de encontrar formas novedosas de seguir complicando una situación ya de por sí compleja nunca muere. Se trata de un impulso que también genera el deseo inagotable de definir y analizar la frontera. ¿Cuántos centímetros de grosor tiene? ¿Qué puede atravesarla? En Baarle, la tradición dicta que una propiedad pertenece al país en el que está la puerta de entrada. Pero ¿qué pasa si la frontera atraviesa la puerta? En ese caso, la solución de compromiso es que las dos partes en que queda dividido el edificio pertenezcan a países distintos. Esta situación potencialmente complicada no ha acostumbrado a durar mucho en Baarle por culpa de otra práctica local, según la cual se pagan impuestos en el país donde se tiene la puerta de entrada. Por supuesto, esto ha provocado que los vecinos que vivían en medio de las numerosas fronteras de Baarle movieran sus puertas un par de metros para situarlas en el país más barato.

La práctica de desplazar las puertas se ha abandonado en tiempos recientes, junto con una gran variedad de indicadores fronterizos, entre ellos la útil costumbre local de tener las banderas de cada país en las placas de los números de las casas. Los dos ayuntamientos han recurrido a la plétora de enclaves que hay en Baarle como principal argumento para atraer turistas. En la actualidad trabajan

5
12
NL
B

juntos para conseguir que la UNESCO declare los dos pueblos Patrimonio de la Humanidad. Es un intento que vale la pena, pero no estoy seguro de que Baarle vaya a atraer a muchos visitantes, puesto que, aparte de sus excéntricas fronteras, no tiene gran cosa que ver. «¿Es usted un turista?», exclamó una tendera algo escandalizada cuando le conté por qué había ido. Y, sin embargo, está claro que a los habitantes de Baarle les encantan sus fronteras; no les hacen falta turistas para recordarles que viven en una leyenda cartográfica.

Baarle es una especie de escenario modélico para otra clase de puntos fronterizos menos felices y más conflictivos. Su experiencia nos demuestra que pueden usarse las fronteras para construir una identidad positiva en vez de para hacer desgraciados a los demás. En una entrevista con la BBC hace unos años, el ex alcalde de Baarle-Nassau, Jan Hendrikx, se enorgullecía claramente del hecho de que «nuestros ciudadanos se mezclan con los de Baarle-Hertog, nuestros vecinos belgas, pero no de la manera habitual». Su homólogo de Baarle-Hertog, Jan van Leuven, desarrollaba esta idea: «Creo que mi cabeza es un poco holandesa, pero mi corazón es flamenco —explicaba, antes de concluir—: En general, los holandeses son más racionales. Piensan y miran al norte. Los flamencos también pensamos pero somos más emocionales. Hablamos el mismo idioma pero las palabras tienen significados distintos».

Resulta fácil descartar esta clase de generalizaciones, sobre todo ahora que Bélgica y Holanda están en la Unión Europea y las fronteras de Baarne han sido neutralizadas. Cuando Frank Jacobs tenía las agallas de escribir sobre fronteras para el *New York Times*, solía recibir fuertes broncas de algunos de sus lectores. ¿Acaso no sabía que «las fronteras son para las mentes pequeñas que explotan el miedo y la ignorancia y que intentan poner trabas a una especie humana que no conoce límites»? ¿Acaso no sabía, le escribió un autodenominado «geógrafo profesional» que los «geógrafos profesionales» han descubierto que las fronteras no son más que el «colonialismo de toda la vida»?

Gracias a Dios, no. Por supuesto, los enclaves son un problema grave en algunas partes del mundo. De hecho, en un curioso retorno al medievalismo, empezaron a aparecer de nuevo en los años noventa, a medida que la URSS se desintegraba y se creaban una veintena de enclaves nuevos. Y todavía podrían aparecer más. No es muy probable que llegue a existir un mundo sin fronteras, y cuando nos lo imaginamos —una utopía de homogeneidad sin posibilidad de escapar a ninguna parte—, nos surge la pregunta de si se trata realmente de un destino atractivo. Baarle demuestra que crear lugares y fronteras son actividades entretejidas. También nos ofrece un ejemplo del placer de trazar fronteras, gran parte del cual se vincula a la intimidad y la pequeña escala de esta anomalía territorial. Estas cartografías íntimas no son simples anacronismos pintorescos. Nos enseñan que, en mitad de un mundo topofóbico, se puede redescubrir y humanizar la fascinación por las fronteras.

LOS CHITMAHALS

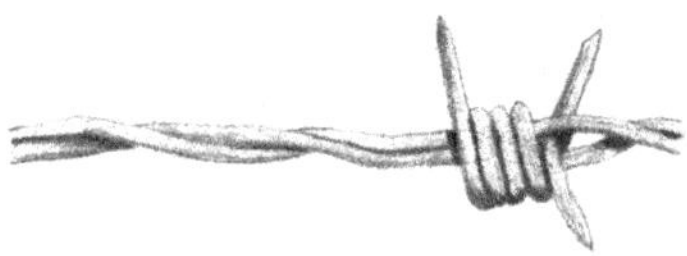

26° 16′ N; 89° 06′ E

Los chitmahals son los «palacios de papel» que hay en la frontera entre la India y Bangladesh. Se trata de un nombre compuesto, que combina un término inglés que significa 'recibo' o 'pagaré' (*chit*) con una palabra en hindi que quiere decir 'palacio' (*mahal*). Hasta finales de 2015, cuando empezaron a ser absorbidos nuevamente por las naciones que los englobaban, había casi doscientos de estos enclaves caóticamente encajados en las inmediaciones de la zona fronteriza. Su tamaño iba desde los 25,95 kilómetros cuadrados que tiene Balapara Khagrabari, en Bangladesh, hasta Upan Chowki Bhaini, un contra-enclave (o enclave dentro de otro) que con cincuenta y tres metros cuadrados es uno de los más pequeños del mundo.

El folclore local dice que los chitmahals son resultado de los juegos de la aristocracia. Se cuenta que, a menudo identificados con su nombre regional indio, Cooch Behar, son trozos de tierra que se ganaron o se perdieron en una partida de ajedrez que disputaron el marajá de Cooch Behar y el nawab de Rangpur a principios del siglo XVIII. Una versión rival de la historia sitúa la fecha de su creación más tarde, a mediados del siglo XX. Según este relato, en 1947 un cartógrafo británico que estaba borracho derramó su tintero cuando terminaba de dibujar aquella compleja sección de las fronteras provinciales de la India. A la mañana siguiente, todas las manchas y salpicaduras se habían secado y habían creado el paisaje geopolítico más accidentado del mundo. Aunque la segunda leyenda carece de fundamento, la primera sí que refleja los elementos cruciales del caso: los chitmahals son ciertamente restos de toda una serie de acuerdos y favores premodernos entre príncipes que se remontan a principios del siglo XVIII. Sin embargo, durante la mayor parte de su historia no estuvieron ni mucho menos tan aislados como en la segunda parte del siglo XX. La creación, primero de la India y después de Pakistán y Bangladesh, hizo que los chitmahals dejaran de ser anomalías locales para convertirse en problemas internacionales.

A diferencia de lo que sucede en Baarle-Nassau y Baarle-Hertig, las 51.300 personas que vivían en este caos geopolítico no disfrutaban de su condición extraordinaria. Los chitmahals demostraban lo que sucede cuando las fronteras no protegen el sentimiento de pertenencia a un lugar de la gente sino que lo subvierten. Sus residentes no estaban orgullosos de sus barrocas fronteras, de sus numerosos contra-enclaves (hay veintiocho) ni de la presencia del único contra-contra-enclave del mundo, que se llama Dahala Jagrabari y consiste en siete mil metros cuadrados de la India situados dentro de una aldea bangladesí que, a su vez, está en el interior de un enclave indio en territorio de Bangladesh. A nadie le interesaba el valor que todo esto tenía como curiosidad porque la vida dentro de los enclaves era desgraciada. Los chitmahals no eran centros turísticos ni de creatividad, sino de abandono y reclusión.

La mayoría de los chitmahals han sido abandonados a su suerte, lo cual quiere decir que sus habitantes han tenido que construirse ellos mismos sus escuelas y puentes. Cada enclave ha tenido que inventarse su propio sistema de justicia y su fuerza policial, así como sus vías para resolver disputas relacionadas con la propiedad y con todo lo demás. Era la anarquía, una sociedad que se gestionaba a sí misma sin gobierno, lo cual implicaba que los niños no recibían

enseñanza, que las carreteras y puentes eran de pésima calidad, que la justicia la impartían los fuertes contra los débiles y que las disputas entre residentes se convertían en vendetas. En consecuencia, las aldeas miraban con envidia a sus poblaciones vecinas, que vivían en lugares protegidos y organizados por los estados. Un hombre de treinta y ocho años con un cargo en uno de los consejos locales que gobiernan muchos de los enclaves explicaba: «Si hay una inundación en Bangladesh o en cualquier otro país, les llega ayuda. Si nosotros nos vemos rodeados de agua, no nos queda más remedio que morirnos aquí. Cuando esto se inunda, somos como prisioneros con el agua al cuello».

El problema de los chitmahals lo provoca el exceso de fronteras, que impide al Estado funcionar de forma adecuada. Si aíslas del Estado a una comunidad, sobre todo si es pobre, no les concedes autonomía sino que se la quitas. La prueba está en el irregular paisaje fronterizo que nos ocupa. De hecho, sus penurias me hicieron renunciar a los últimos restos de mi anarquismo, o por lo menos del vago antiestatalismo, que había alimentado hasta bien entrada la mediana edad. Los chitmahals acabaron con mi ingenua fe en la autonomía de las comunidades, ya bastante socavada tras ver las miserias de Hobyo. Ahora, cada vez que leo al anarquista decimonónico Mijaíl Bakunin me estremezco: «Si existe Estado, hay dominación, y eso, a su vez, significa esclavitud», escribió en 1873. ¿Y si no existe Estado? El resultado suele ser peor.

Pero también es cierto que los Estados de la India y de Bangladesh no trataron bien a la población de los chitmahals. Les han hecho la vida imposible con saña. Ciertamente, puede decirse que es la burocracia estatal quien ha fabricado los problemas más graves de esa población.

A fin de abandonar aquellos enclaves diminutos, sus habitantes tenían que obtener un visado para viajar a través del territorio extranjero circundante. Pero para obtener el visado tenían que abandonar sus enclaves, dado que los visados solamente se podían obtener en ciudades situadas a muchos kilómetros de distancia.

A menudo, este sistema ha tenido consecuencias trágicas. En 2010, una joven llamada Jaimona Biwi, vecina de la aldea de Mashaldanga, enclave bangladesí dentro de la India, se puso de parto.

Se desplazó al hospital más cercano a su chitmahal, pero como no era ciudadana india los médicos se negaron a atenderla. «Me pasé dos días sufriendo un dolor insoportable en el suelo del hospital —les explicó a los periodistas indios—. Sangré a raudales y acabé dando a luz a un niño muerto.» Cuando volvió a quedarse embarazada, recurrió a un truco local, que es contratar a un marido indio. Pero ahora habla de él con resentimiento: «Le ha cobrado a mi familia dos mil rupias y se ha inscrito en el hospital como mi marido». Las palabras de Biwi ponen de relieve el estigma que supone vivir como intocables políticos. Uno de los pocos ciudadanos indios que se han mudado a Mashaldanga explica que «en nuestra zona, ningún residente en una aldea india quiere casarse con un hombre o una mujer de un chitmahal. Solamente las familias muy pobres están dispuestas a casar a sus hijas con alguien de un enclave a cambio de una dote».

Un acuerdo alcanzado por Bangladesh y la India el 7 de mayo de 2015 ha aprobado la transferencia de cincuenta y un enclaves bangladesíes a la India y de ciento once a Bangladesh. Los enclaves simplemente se han unido a los países que los rodeaban. A los residentes se les ha dado a elegir entre quedarse donde están o mudarse al otro país. En total se espera que en virtud de este intercambio de tierras la India pierda unos cuarenta kilómetros cuadrados en beneficio de Bangladesh. Cuando finalice el proceso, la desaparición de los chitmahals implicará una caída en picado del 70% de la cifra de enclaves del mundo. No los echará de menos una gran parte de la población que vivía en ellos, la mayoría de la cual ha preferido la ciudadanía del país que los rodeaba. Esto se debe en parte al hecho de que estaban poblados mayoritariamente por familias huidas de la violencia. Un musulmán indio de setenta años del enclave de Kajaldighi, situado dentro de Bangladesh, cuenta que él y su familia llegaron allí en 1969 porque «en aquella época en la India se reprimía con violencia a los musulmanes. Había muchas rencillas, asesinatos y extorsiones. Nos amenazaban los terratenientes locales. Así que huimos para conservar nuestra dignidad, nuestro honor y nuestras vidas. Vino todo el mundo». Y continúa recordando que «por entonces todo el mundo en los enclaves era hindú. Cuando llegamos nosotros, se marcharon ellos». Este anciano está encantado de que su enclave vaya a ser absorbido por Bangladesh. Mientras bailaba con sus amigos celebrando el final de otro de los enclaves —Dashiar Chhara, que antes pertenecía a la India pero acaba de integrarse en Bangladesh—, Russel Khandaker, de veinte años, contó a los periodistas: «Llevamos sesenta y ocho años en la oscuridad. Por fin hemos visto la luz». Otro residente del mismo enclave, Sharifa Akter, explicaba con una vela en las manos: «Por fin puedo hacer realidad mi sueño de tener un alto cargo burocrático en el gobierno».

Aunque todavía no se han producido todos los intercambios de territorios, parece que el final de los chitmahals ha sido más rápido y menos complejo de lo que se temía. La transición se ha agilizado porque casi todo el mundo necesita que se terminen el aislamiento y la autonomía forzosa. Sus palacios de papel eran islas de libertad del estado pero también cárceles dentro de él. La paradoja sigue siendo que el gobierno es esencial para nuestra libertad, pero también nos empuja de un lado a otro y exige que nos sometamos a él. Todos vivimos de alguna forma con este dilema. El hecho de que la gente necesite al estado y al mismo tiempo lo odie es una faceta previsible de la vida moderna. Hay quien consigue escapar de esta relación incómoda con el gobierno a base de independizarse. Sin embargo, establecer una nación secesionista también plantea problemas.

SEALAND

51° 53' 40" N; 1° 28' 57" E

«¿Y por qué no yo?» Es el mantra moderno, adolescente y profundo a la vez. Su forma más extrema resulta hilarante pero inevitable: ¿y por qué no puedo tener un país para mí? Con mis propias leyes. ¿No sería divertido? ¿No supondría una libertad real? Y puestos a pedir, ¿no podría ser ese país una isla? Porque una isla tiene fronteras reales e incuestionables. Por pequeña que sea, en una isla tu independencia es tangible. Con un poco de suerte, nadie reclamará tu reino y estará ahí esperándote; solamente tendrás que bajar de un salto a la orilla, desplegar tu bandera y reclamar la soberanía. Como pasó en Sealand.

El Principado de Sealand es un «Estado independiente» establecido en 1967 por un comandante retirado del ejército, «Paddy» Roy Bates, en una plataforma de artillería abandonada de la segunda guerra mundial. Está ubicado en Rough Sands, frente a la costa de Essex, y tiene una superficie habitable de 550 metros cuadrados. La plataforma se construyó en aguas internacionales y se abandonó después de la guerra, de forma que cuando el 2 de septiembre de

1967 Bates y su familia escalaron por un costado de la antigua fortaleza marítima, se sintieron con derecho a reclamar su soberanía. Bates se otorgó a sí mismo y a su mujer los títulos de príncipe y princesa, y a continuación la «familia real» se dispuso a convertir Sealand tanto en su hogar como en su reino.

De las muchas naciones creadas a sí mismas del mundo, o micronaciones, Sealand es el mejor ejemplo de una subespecie llamada Estados-plataforma. Suele tratarse de efímeras naciones marítimas. El hermano de Ernest Hemingway, Leicester, fue durante un breve periodo presidente de la república de Nueva Atlántida, construida sobre una plataforma de bambú frente a la costa occidental de Jamaica y anclada con un eje de ferrocarril y un bloque de motor Ford. Cuando un huracán destruyó esta estructura en 1964, Hemingway creó otro feudo parecido, Tierra del Mar, una plataforma de 840 metros cuadrados construida sobre un banco de arena cerca de las Bahamas. Sin embargo, el Departamento de Estado estadounidense le convenció de que no la declarara nación soberana. Les preocupaba que Tierra del Mar pudiera servir de trampolín para que los poderes hostiles se anexionaran las islas cercanas.

En comparación con estas empresas tan frágiles, Sealand tiene una historia larga y compleja. En 1968, la Real Armada mandó dos lanchas cañoneras para desalojar a la familia Bates. Roy Bates realizó varios disparos de advertencia contra ellas y fue arrestado. Sin embargo, consiguió convencer a un juez de Chelmsford de que en Sealand no se aplicaba la ley británica. El tribunal que lo juzgó el 25 de noviembre de 1968 declaró que Sealand estaba fuera del territorio nacional británico y, por tanto, de su jurisdicción. Entusiasmados por su éxito, los ciudadanos de Sealand empezaron a acuñar monedas de oro y plata, que denominaron *dólares de Sealand*, así como sellos de correos. La venta de estas curiosidades para coleccionistas ayudó a financiar el nuevo reino. También se emitieron pasaportes, aunque no está claro si también se pusieron a la venta. El siguiente acontecimiento dramático en la historia de Sealand se produjo en 1978, cuando un grupo de empresarios holandeses y alemanes visitaron la plataforma con una propuesta comercial. En cuanto estuvieron en ella, tomaron la fortaleza a punta de pistola e hicieron prisionero durante tres días al hijo y heredero de Roy Bates, el príncipe Michael. Su padre tuvo que organizar un contraataque para liberarlo. El *Sealand News*, el periódico online de la isla, cita la versión de Bates:

> Llamamos por teléfono a un amigo que tenía un helicóptero y había hecho de doble en escenas de acción en las películas de James Bond. Yo bajé del helicóptero a la plataforma con un arma, disparé una vez y dije: «¡Manos arriba todo el mundo!». Y así acabó todo.

Hubo muchos disparos pero ningún herido y, al más puro estilo James Bond, los invasores fueron rápidamente reducidos y detenidos como «prisioneros de guerra». Cuando el gobierno alemán solicitó la intervención de Reino Unido, el gobierno británico contestó que la fortaleza estaba fuera de su jurisdicción. Los prisioneros fueron liberados tras la llegada de un diplomático alemán. Los primeros en ser liberados, sin embargo, fueron los ciudadanos holandeses. El único invasor alemán fue retenido un poco más con el argumento de que había aceptado un pasaporte de Sealand y, por consiguiente, era culpable de traición.

Aquella fue la época de mayor gloria de Sealand. Pero la mayoría de los juegos, por serios que sean, acaban aburriendo y los jugadores se dispersan. A pesar de su victoria militar, en los años ochenta Sealand empezó a deteriorarse y a caer en desuso. Su independencia también comenzó a cuestionarse cuando, en 1987, Reino Unido amplió sus aguas territoriales de cinco a veinte kilómetros. Sealand respondió reclamando también sus propios veinte kilómetros y declarando la anexión de las poblaciones costeras inglesas de Harwich y Felixstowe.

Sin embargo, Reino Unido no ha hecho ningún intento para tomar Sealand y el gobierno británico sigue tratándolo como un Estado independiente de facto. Durante el tiempo que pasó residiendo en Sealand, el príncipe Roy no pagó la seguridad social británica. Además, las evidentes infracciones de la ley británica que se han producido en Sealand siguen sin castigo. Por ejemplo, cuando en 1990 Roy Bates hizo varios «disparos de advertencia» a un barco que él creyó que se estaba acercando demasiado a su reino, las quejas de la tripulación no llegaron a los tribunales. En la historia oficial de

SEALAND

su nuevo Estado, el clan Bates alega que eso fue «una clara señal de que el Ministerio de Interior británico sigue considerando que Sealand está fuera de su zona de control».

Por desgracia, la imagen bucanera de Sealand se adentró en aguas más turbulentas en los años noventa. En 1997, después de que el asesino del diseñador de moda Gianni Versace se suicidara en una casa flotante de Miami, la policía estadounidense descubrió que el propietario de la casa flotante poseía un pasaporte de Sealand. En la primavera de 2000, la policía española detuvo a una banda con sede en Madrid vinculada con el tráfico internacional de droga y el blanqueo de dinero. La banda poseía miles de pasaportes de Sealand. Al ser interrogado por la Interpol, Roy Bates juró y perjuró que él nunca había vendido pasaportes. «Todo lo relacionado con Sealand ha sido un juego, una aventura, y es una desgracia ver que toma este rumbo», le contó a un periodista. El origen de estas falsificaciones se rastreó hasta el mismo alemán que había intentado tomar Sealand por la fuerza veinte años antes. Después de autoproclamarse ministro de Economía de Sealand, había creado una falsa Fundación Empresarial de Sealand y se jactaba de haber vendido más de ciento cincuenta mil pasaportes falsos. En la página web nacional de Sealand se afirmaba también que «muchos de los pasaportes falsificados se vendieron a gente que abandonó Hong Kong durante la época de la reocupación china, a mil dólares cada uno».

El alquiler de Sealand a una empresa de Internet, HavenCo, en 1999 solamente empeoró su imagen, ya de por sí turbia. Un grupo de inversores de Silicon Valley soltaron cientos de miles de libras de capital inicial para convertir Sealand en un servidor de Internet fuera de la legislación y en un «refugio de datos de caudal extragrande». Se prohibieron la pornografía infantil, el spam y el hacking malicioso, pero al no haber protección alguna al copyright ni a la propiedad intelectual en los datos que alojaba en sus servidores, Sealand parecía a punto de convertirse en el centro neurálgico del uso compartido de archivos y otras infracciones. La familia Bates usó la inyección de capital para afianzar su reino. Se instalaron nuevos generadores y una nueva planta desalinizadora, se fijaron conexiones por satélite de alta velocidad, se establecieron enlaces de microondas con Reino Unido y se tiraron kilómetros y kilómetros de cable. Con la ayuda del dinero extra, el príncipe Michael también creó un ejército y una armada de Sealand, con ametralladoras y lanchas neumáticas de alta velocidad. A pesar de todo esto, HavenCo pronto empezó a quedarse sin clientes. Al parecer los asustó el hecho de que toda la conectividad de Internet de Sealand pasaba por Reino Unido, que afirmaba que la plataforma estaba dentro de sus aguas territoriales. En 2008, HavenCo quebró y Michael Bates vendió a los medios de comunicación la historia de que Sealand estaba en venta por setecientos cincuenta millones de euros. Parece ser que esto fue una simple estratagema para crear interés en un nuevo acuerdo de arrendamiento. Al no aparecer nuevos fondos, sin embargo, a finales de la primera década del siglo XXI, Sealand volvió a quedar deshabitado, y en la actualidad el príncipe Michael pasa sus días en Leigh-on-Sea, el mismo lugar donde su padre pasó sus últimos días. Roy Bates murió el 9 de octubre de 2012, a los noventa y un años.

Hablando con el *Sealand News*, Joan Bates ofreció una crónica bastante romántica de la vida en Sealand:

> Ha sido un cuento de hadas. ¿Qué mayor cumplido puede hacerle un hombre a una mujer que convertirla en princesa de su propio Principado? Me encanta poder usar el título de princesa. Cuando viajamos al extranjero con nuestros pasaportes de Sealand, siempre nos reciben con gran pompa y nos tratan como a la realeza.

Se trata de una fantasía muy fácil de entender. Para quienes vivimos aburridos y frustrados por las reglas interminables y las burocracias impersonales de las naciones convencionales, la idea de crear tu propio reino insular presenta un atractivo tremendo. Ciertamente, las historias recientes más significativas sobre Sealand tienen que ver con su adopción como icono por una nueva generación de planificadores ecolibertarios. El Instituto Seasteading, fundado en California en 2008, considera Sealand una experiencia pionera. El instituto describe su área de trabajo simple y llanamente como la «creación de plataformas marítimas sostenibles a las que la gente pueda mudarse si no está satisfecha con la vida en tierra firme». Los reinos marítimos artificiales son cada vez más populares, y una parte de su atractivo se refleja en las nuevas islas en construcción en las Maldivas y Dubái, y también en la nueva generación de cruceros que se están transformando en asentamientos permanentes que deambulan por los mares. Pero la raíz del atractivo de Sealand nos lleva a un terreno hacia el que estas nuevas iniciativas solamente apuntan. Es el territorio de la independencia, de la soberanía y de disponer realmente de un lugar propio. Puede que sea una fantasía ridícula, pero también es muy importante y humana.

EL REINO UNIDO DE LUNDA TCHOKWE

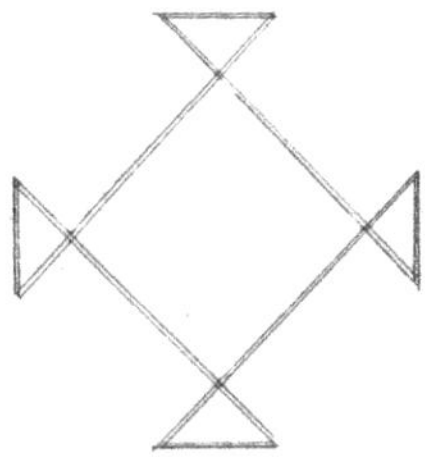

12° 39′ S; 20° 27′ E

Por mucho que vengan siempre acompañados de una gran polémica sobre la fragmentación y la crisis, los nacimientos de naciones son un proceso imparable y continuo. Una de las razones de que se hayan convertido en un tema tan difícil y delicado es que la etnicidad sigue siendo el eje central de la mayoría de las naciones nuevas que se crean. La tendencia generalizada a considerar como reaccionarios esos alegatos étnicos relega a muchas naciones embrionarias a las sombras geopolíticas. Allí justamente languidece el Reino Unido de Lunda Tchokwe, sin dejar de luchar ni un día, aunque el mundo lo ignore por completo.

Lunda Tchokwe abarca la mitad oriental de Angola. Si alguien conoce el reino fuera de Angola es por una sola cosa: alberga algunas de las mayores minas de diamantes del mundo. Esta zona un poco más pequeña que España y con una población que no supera los 4,5 millones de habitantes es uno de las decenas de países no reconocidos que hay en África y uno de los veintiuno que pertenecen a la Federación de Estados Libres de África. De hecho, es uno de los miembros más importantes del núcleo de la federación y uno de los once «proto-Estados» que han formado una «alianza económica y defensiva» que reclama toda una serie de territorios de una zona enorme del sudoeste de África. Aunque la secesión del Sudán del Sur ha supuesto una inyección de confianza para la Federación, sus miembros se necesitan entre sí porque a nadie más le importan lo más mínimo. Y se trata de una ausencia de interés que refleja el recelo que produce el secesionismo étnico, dado que si los Lunda Tchokwe consiguen un Estado propio, ¿por qué no puede hacer lo mismo el resto de los grupos étnicos de África? El resultado le quitaría toda su espectacularidad a la desintegración de la URSS: el continente africano podría cubrirse fácilmente de miles de naciones.

Y, sin embargo, quienes sí se toman muy en serio a estas nuevas naciones son los gobiernos de los territorios que reclaman. Angola ha criminalizado las actividades de los separatistas Lunda Tchokwe y ha obligado a exiliarse a muchos activistas. A casi cuarenta miembros de un grupo que había adoptado el farragoso nombre de «Comisión para el Manifiesto Sociológico y Legal del Protectorado de Lunda Tchokwe» los acusaron de «desestabilizar el orden nacional» y los detuvieron entre abril de 2009 y octubre de 2010, junto con 270 sospechosos de apoyar su causa. Muchos de ellos fueron metidos entre rejas. Uno de los miembros de la comisión, Don Muatxihina Chamumbala, murió poco después y, hoy en día, ostenta el título de «primer mártir fallecido en defensa de los derechos naturales del pueblo de los Lunda Tchokwe». La comisión acusa al régimen no electo de Angola de numerosas violaciones de los derechos humanos y de dejar que su región se pudra en el olvido. La página web del movimiento afirma que «la población de los Lunda Tchokwe es muy consciente de la situación de abandono total en que se encuentra esta zona tan rica en diamantes».

La historia de los Lunda Tchokwe ilustra una paradoja moderna: el poder implacable que sigue teniendo el nacionalismo étnico en un mundo donde cada vez se piensa más que la identidad nacional no debería tener nada que ver con la étnia. Puede que el Estado-nación provenga de los vínculos del idioma y la cultura, pero su forma contemporánea y burocrática es supuestamente posétnica, o al menos capaz de acomodar una diversidad de etnias. El hecho de ser británico o estadounidense depende de tener un pasaporte de esos países y no del origen de tus antepasados. Las reivindicaciones de los Estados no reconocidos del mundo amenazan con invertir esta dinámica cosmopolita, y la retórica de la Federación de Estados Libres de África habla sin tapujos del fracaso de lo que ella considera pseudopaíses como «Angola, Nigeria, Senegal y Kenia». En su página web oficial, el secretario general de la organización, Mangovo Ngoyo, explica que estos países «siempre [tendrán] problemas, porque ninguno de ellos constituye un país como Inglaterra», sino una agregación de «varios países provistos de culturas específicas, identidades nacionales, idiomas propios, arquitecturas distintas e historias diferentes». La desafortunada elección por parte de Ngoyo de un ejemplo como Inglaterra demuestra la poca solidez de su tesis. Inglaterra fue un país independiente durante menos de tres siglos, antes de combinarse con Escocia en 1707 y evolucionar hacia un Reino Unido moderno y multiétnico donde reside gente de todas las culturas y orígenes. Eso no quiere decir que haya desaparecido el nacionalismo étnico, ni en Inglaterra ni en otras partes, sino más bien que sobrevive manteniendo una relación muy tensa con otras formas de asociación. Las demandas de los Estados no reconocidos ponen de manifiesto esta relación tan complicada y pendiente de resolver. Está claro que la Federación de Estados Libres de África se alinea con la declaración que hizo el primer ministro Cameron de que «el multiculturalismo estatal ha fracasado». Ngoyo añade: «Por supuesto que el multiculturalismo siempre va a fracasar. Una nación solamente puede ser una nación si todos cantan el mismo "libro de himnos", de otra forma no habrá armonía».

Ngoyo también pregunta: «¿Cómo se supone que vamos a cantar en armonía el himno "Fronteras coloniales"?». Esta última idea nos lleva a aquello que para los nacionalistas de Lunda Tchokwe constituye el meollo de la cuestión. No es que consideren un fracaso la Angola «multicultural», sino que la ven como un poder colonial, una extensión del colonialismo europeo. Ellos ven que se expolian los recursos naturales de sus tierras y que los beneficios acaban en otra parte. Los antiguos dueños coloniales de la zona antaño se iban a Portugal, y ahora se van a las boyantes ciudades de la costa este de Angola. El gobierno angoleño recurre con frecuencia a las mismas

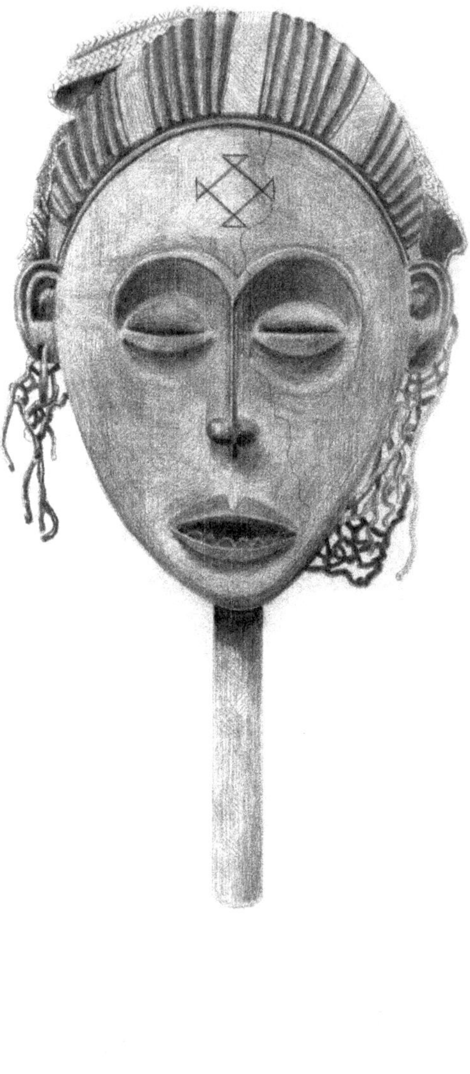

contraargumentaciones antiseparatistas que antes empleaban los portugueses: el hecho de que la resistencia indígena es un síntoma de tribalidad y que hay que salvar al pueblo de Angola de las guerras entre facciones. Son capaces de darle un giro actual a estos viejos argumentos afirmando que Angola es un Estado multicultural y, por consiguiente, moderno y liberal, y que los nacionalistas son xenófobos. Se trata de una acusación mortificante para unos activistas a los que se encarcela rutinariamente por su afiliación étnica.

De hecho, Lunda Tchokwe tiene una relación más complicada con el multiculturalismo de lo que hace pensar cierta retórica de la Federación de Estados Libres de África. El proyecto de crear un «Reino Unido» alude al hecho de que los Lunda y los Tchokwe eran antaño grupos separados, y a la larga historia que acabó reuniéndolos. Hacia 1680, el reino de los Lunda ya se extendía a lo largo de ciento cincuenta mil kilómetros cuadrados y no paraba de crecer, hasta el punto de que a finales del siglo XIX ya había doblado su tamaño. En el curso de esta expansión, el reino se convirtió en una federación de inquietos clanes. Uno de estos clanes vasallos, los Tchokwe, se rebeló contra el dominio de los Lunda y hacia finales del siglo XIX ya había destruido a todos los efectos el viejo reino. El actual movimiento nacionalista se apoya mucho en el reconocimiento durante este periodo por parte de Portugal de Lunda Tchokwe y a la firma de varios acuerdos de protectorado con los reyes locales. Sin embargo, desde el punto de vista legal no puede hablarse de una historia particularmente estable. Si a los portugueses les resultó tan fácil ampliar su imperio hacia el este fue precisamente gracias a la desintegración que estaba sufriendo el reino de los Lunda. Además, el este del país siempre fue un territorio remoto. La relación legal de Portugal solo existía con su colonia costera, fundada en 1575. El interior de la remota provincia oriental ni lo controlaba ni le interesaba. De hecho, hay algunas autoridades en el tema que afirman que los portugueses no tuvieron contacto alguno con los Tchokwe hasta los años treinta. Está claro que no fue hasta entonces cuando Portugal anexionó con éxito la región a la colonia ya consolidada de Angola, que se independizaría en 1975.

Este resumen histórico nos dice que, a diferencia de Angola, Lunda Tchokwe puede reivindicar una historia africana rica, compleja e independiente. También nos muestra que Lunda Tchokwe es al mismo tiempo un concepto reciente y superficial y que, lejos de ser culturalmente homogéneos, los «Lunda Tchokwe» son un grupo diverso. Los diferentes pueblos de Lunda Tchokwe han inventado una noción común de patria y de lealtad al grupo. Puede que esta identidad sea una creación muy reciente, pero aun así es relevante, porque la vinculación de la gente a una parte concreta del mundo ya ancla y sostiene una visión compartida del pasado y del futuro.

De momento hay muy pocas posibilidades de que llegue al panorama de las noticias internacionales ninguna información sobre Lunda Tchokwe. Manifestarse en contra del régimen es demasiado peligroso, y Lunda Tchokwe no tiene fuerzas militares ni insurgentes. Angola no va a permitir que le arrebaten la mitad de su territorio y no hay ningún Estado en esa parte de África que no apoye su condena al secesionismo, dado que es una fuerza que los amenaza a todos ellos. Podemos concluir sin miedo a equivocarnos que el Reino Unido de Lunda Tchokwe no aparecerá en nuestros atlas en un futuro cercano. Eso no quiere decir que no vayan a seguir naciendo países nuevos, sobre todo en aquellas partes del mundo donde la historia ha aplastado las reivindicaciones étnicas y territoriales. En este contexto, la necesidad de reclamar y defender el propio país se redefine y redescubre de manera constante. La pugna para crear esos lugares nuevos es tremendamente difícil, pero también lo es la lucha para evitar la división de creaciones coloniales compuestas como Angola.

GAGAUZIA

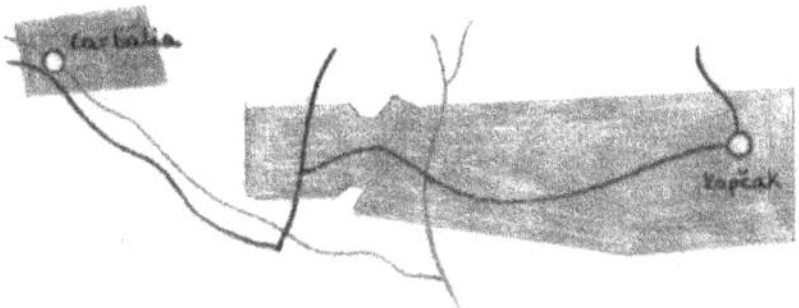

46° 19′ N; 28° 40′ E

La historia de Gagauzia ilustra el poder implacable del nacionalismo al no dejar nunca de dividir y subdividir naciones en unidades más pequeñas. Gagauzia está en el sur de Moldavia, un pequeño país de 3,5 millones de habitantes encajado entre Ucrania y Rumanía y sin salida al mar. Moldavia se escindió de la URSS y se independizó en 1991, pero es un puzle de nacionalidades que parece deshacerse.

El mapa de Gagauzia es de lo más precario. Este aspirante a Estado se encuentra repartido por cuatro enclaves de tamaños desiguales en el seno de Moldavia. En total ocupa una superficie de mil ochocientos kilómetros cuadrados, lo que viene a ser la mitad de Rhode Island, y tiene una población de ciento sesenta y un mil habitantes. Nunca va a ser un gigante entre las naciones, pero el deseo de libertad que tiene un pueblo no es proporcional a su población ni al tamaño de su territorio. El impulso que provoca la separación de las naciones tiene una energía centrípeta: es una dinámica creativa e impredecible que genera nuevas demandas de independencia en el momento mismo en que responde a las ya existentes. Es una equivocación tratar con condescendencia a lugares como Gagauzia o bien achacar su situación al caos que reina en ciertas regiones, puesto que la lógica fragmentaria que opera allí también funciona en el resto del mundo.

La independencia nacional no es un evento puntual, un libro que, una vez abierto, pueda cerrarse sin más. Puede resultar reconfortante pensar, por ejemplo, que en cuanto Escocia se independice se habrá llegado al final feliz de una larga historia. Pero el nacionalismo siempre rebasa sus fronteras, se adapta y transmuta otras identidades geográficas en proyectos de nación. Si Escocia se independiza, ¿por qué no pueden hacerlo las Shetland? Si Moldavia se independiza, ¿por qué no Gagauzia? El proceso de creación de naciones no se limita a satisfacer unas necesidades, sino también a crearlas.

Una de las pocas personas que ha estudiado Gagauzia es la antropóloga turca Hülya Demirdirek. Hasta ella se muestra un poco perpleja por la invención por parte de los gagaúzos de una entidad nacional llamada «Gagauzia», una palabra y una idea que hasta hace veinte años casi nadie había oído, puesto que antes de la desintegración de la URSS el lugar no existía. En una conferencia sobre «antropología poscomunista», Demirdirek admitió que «no resulta fácil contestar a la pregunta de quiénes creen ser los gagaúzos». Una respuesta convencional es que los gagaúzos son cristianos ortodoxos orientales que afirman descender de los búlgaros y que hablan gagaúzo, un idioma parecido al turco moderno. Son una mezcla distintiva de cristianos y turcos, y hay algunos gagaúzos que aseguran que ellos fueron el pueblo que fundó Bulgaria y que descienden de los búlgaros que conquistaron el país en el siglo IX. Sin embargo, un aspecto más significativo de su complejo patrimonio es que los gagaúzos son uno de los grupos más culturalmente rusificados de Moldavia y que muchos de ellos prefieren hablar ruso que gagaúzo. Para los gagaúzos se trata de una asociación desafortunada, puesto que el nacionalismo moldavo se define a partir de la antipatía hacia sus antiguos amos soviéticos. A medida que se iba acercando la independencia de Moldavia, los gagaúzos se vieron representados cada vez más como elementos extranjeros, un pueblo aparte, cuya verdadera lealtad era hacia la Madre Rusia.

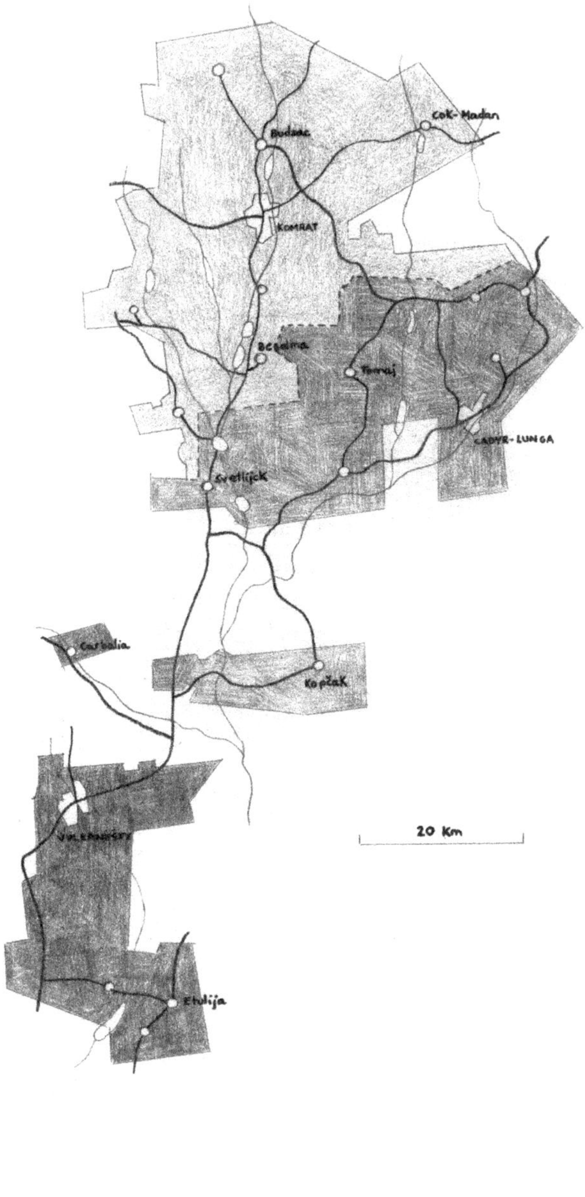

Cok-Madan
KOMRAT
CADYR-LUNGA
Carbalia
Kopčak
Etulija
20 Km

Fue en medio de esta atmósfera hostil, en 1988, cuando se fundó un movimiento social llamado «Pueblo Gagaúzo» que empezó a reclamar la independencia. Un informe de 1990 del Parlamento moldavo generó todavía más alarma al calificar a los gagaúzos no solamente de minoría nacional, sino también de minoría «étnica». Fue un apelativo que casi todo el mundo interpretó como un insulto deliberado. Hubo miembros del Frente Popular Moldavo que llegaron a pedir que los gagaúzos, al igual que los rusos, «se volvieran a su casa». Durante esa época se inventó «Gagauzia».

El deseo de reinventar un lugar como nación no emerge necesariamente de unas aspiraciones reprimidas durante siglos, sino que puede aparecer de pronto, sobre todo en el seno de poblaciones vulnerables cuya identidad ha sido absorbida en el pasado por entidades enormes y multinacionales como la Unión Soviética, y que ahora se sienten discriminadas y abandonadas. Esa sensación de agravio ha favorecido el surgimiento de muchos mitos útiles. Por ejemplo, se dijo que Gagauzia llevaba mucho tiempo reprimida y que los gagaúzos habían pasado mucho tiempo ansiando la libertad. Hasta hubo quien afirmó que no solamente no eran de origen extranjero, sino que llevaban en aquella parte del mundo más tiempo que los propios moldavos. Prácticamente nada de todo esto es verdad, y Gagauzia es cualquier cosa menos un lugar antiguo. Aparte de un Estado independiente de cinco días de duración, declarado en 1906 y limitado a la capital (la República de Kormat), los gagaúzos jamás habían pensado en sí mismos como gente necesitada de un país propio.

Esta falta de profundidad histórica únicamente parece haber estimulado las aspiraciones políticas de los gagaúzos. En 1990 apareció en los edificios estatales la bandera no oficial de Gagauzia, una espectacular cabeza de lobo rojo dentro de un círculo blanco, y se declaró la independencia. Se celebraron elecciones presidenciales y se instaló un gobierno en Kormat. Durante los cuatro años siguientes Gagauzia afirmó ser independiente, aunque ningún Estado se dignó reconocer su existencia. A finales de 1994, Moldavia se mostró por fin dispuesta a conceder la «autodeterminación» al «pueblo de Gagauzia» y se celebró un referéndum en el que treinta asentamientos votaron a favor de integrarse en la recién creada «Unidad

Territorial Nacional Autónoma», generándose así el batiburrillo actual de enclaves.

Estas concesiones no significan gran cosa, dado que lo único que se ha ganado en realidad es la promesa de que los gagaúzos podrán optar por la independencia si se produce un «cambio de estatus en la República de Moldavia». Esto es importante porque, si no fuera por las minorías nacionales que existen en el interior del país, lo más probable es que Moldavia optara por fusionarse con Rumanía, con quien comparte tanto historia como idioma. El movimiento de unificación es una de las fuerzas más poderosas de la política moldava y, si se alcanzara este objetivo, Gagauzia dejaría de ser una minoría pequeña pero con voz dentro de un Estado plural para convertirse en una irrelevancia «étnica» dentro de una nación panrumana. Así pues, tanto a los gagaúzos como a los independentistas todavía más fieros del Transdniéster, que viven en el flanco oriental de Moldavia, se les prometió que si eso sucedía podrían marcharse.

Sin embargo, los últimos veinte años han hecho entender a los gagaúzos que ser una «unidad nacional autónoma» no sirve de gran cosa. Gagauzia sigue siendo una de las zonas más pobres de Moldavia, que, a su vez, está considerado como el país más pobre de Europa. El clima favorable a los compromisos se va enfriando, mientras que el impulso independentista ha cobrado nueva vida gracias al desarrollo de medios de comunicación independientes liderados por Gagauzia Radio Televizionu. En 2012, un nacionalista gagaúzo lanzó un cóctel molotov al convoy de la canciller alemana Angela Merkel, que estaba de visita. Ese mismo año, Mihaíl Formuzal, el gobernador de Gagauzia, respondió airadamente a las señales cada vez más claras de que la unificación de Moldavia con Rumanía estaba cobrando un nuevo impulso. Formuzal amenazó con declarar la independencia y se jactó de que, esta vez, su país sí que conseguiría el reconocimiento internacional.

La lógica fragmentaria del nacionalismo resulta enervante. Una serie de países de los que jamás se ha oído hablar se dividen en unidades casi carentes de significado. La lógica de la desintegración crea una geografía de la ignorancia, en la cual el florecimiento de identidades y naciones nuevas sobrepasa nuestra capacidad de ubicarlas o de pronunciarlas. La gente de fuera de la región hace gestos exasperados: los lugares como Gagauzia acaban relegados al montón cada vez mayor de proto-Estados a los que nadie presta atención. Detrás de esta reacción hay un miedo comprensible: ¿qué pasaría si todos los países empezaran a dividirse y el mapa político se disgregara en una legión de sitios que no dejan de multiplicarse? Puede resultar conveniente imaginar que estamos por encima de los deseos nacionalistas, que estos están equivocados o incluso que son en cierta manera trágicos. Pero estos argumentos se basan en mitos y presunciones en la misma medida que el pasado inventado de Gagauzia. Y también carecen de generosidad. Muchos gagaúzos quieren un país propio porque sin él seguirán siendo un pueblo marginal y sin lugar. El hecho de que un país sea inventado no le resta realidad.

EL ESTADO ISLÁMICO DE IRAK Y LEVANTE (EIIL)

45° 57' 37" N; 38° 59' 55" E
(AL RAQA)

Hay dos niños pisando una bandera americana y señalando un mapa gigante del mundo. En el mapa están surgiendo unas manchas enormes de luz en el norte y el oeste de África y por todo Oriente Medio. Se trata de la imagen de portada de un libro de texto escolar de geografía publicado en el Estado Islámico de Irak y Levante, y los niños están contemplando las partes del mundo que este controla. La confianza y la ambición global de esta extraña nueva nación no parecen conocer límites. Los mapas más detallados del territorio del EIIL (más conocido por sus siglas en inglés, ISIS) ofrecen una visión menos gloriosa: parecen una bandera hecha jirones, con sus porciones de terreno controlado unidas por frágiles franjas.

El tamaño que le atribuyamos al EIIL dependerá de si incluimos o no en su territorio las extensiones desérticas interminables que separan sus bastiones. Si uno las incluye, entonces su mapa hecho jirones crece hasta alcanzar unas dimensiones impresionantes y llega a ser tan grande como Jordania. En cualquier caso, independientemente de cómo nos guste dibujarlo, a principios de 2016 el EIIL ya tenía una población de diez millones de personas y se extendía por toda la frontera sirio-iraquí, conectando su capital de facto, Al Raqa, en Siria, con su ciudad más grande, Mosul, y llegando a los pueblos granjeros del sur de Bagdad.

El EIIL es un ejemplo de construcción nostálgica de un lugar. Su propósito es recrear los remotos tiempos gloriosos del islam. Pero también es un ejemplo de construcción de un lugar entendida como ritual de sangre. Se trata de un estado teocrático con ambiciones genocidas y definido por sus actos de sacrificio, matanza y destrucción. Resulta reconfortante pensar que el EIIL es demasiado violento para ser un lugar genuinamente religioso; que sus seguidores solamente están fingiendo ser fieles. Pero eso no es verdad. Casi todas las acciones del nuevo estado, así como todas las leyes que aprueba, reflejan su profunda religiosidad. El jefe de seguridad del Gobierno Regional del Kurdistán, Masrour Barzani, recuerda que un aspirante a terrorista suicida al que habían detenido momentos antes de que su ataque pudiera tener éxito gritaba con aflicción auténtica: «¡Estaba a diez minutos de reunirme con el profeta Mahoma!». «Creen que están triunfando independientemente de si te matan ellos a ti o tú a ellos», añade Barzani. «Si te matan ellos, están ganando una batalla. Si los matas tú, están yendo al paraíso.» La destrucción sistemática de antigüedades por parte del EIIL, su práctica de esclavizar y matar a las minorías y sus interminables martirios, todo ello se basa en las escrituras.

Fundado en Irak en 1999 por un ex criminal jordano, Abu Musab al Zarqaui, el EIIL adoptó su nombre actual en abril de 2013, después de expandirse a Siria. La expansión es el centro de su ideología y de sus prácticas estatales. Su meta es replicarse a sí mismo por todo el planeta, y se trata de un deseo apremiante. El EIIL ya ha trazado mapas de su fase siguiente. El resultado se acerca a la fantasía histórica: el Estado Islámico tiene intención de expandirse hasta abarcar todas las tierras que alguna vez fueron islámicas. Esto requiere la reconquista de España y Portugal y la inclusión de ambos países en un califato que controle todo el oeste, el norte y el este de África y que se extienda a través de Turquía, Arabia Saudí, los Estados del Golfo, Irán, Pakistán y llegue hasta China. El paso siguiente será la conquista del mundo.

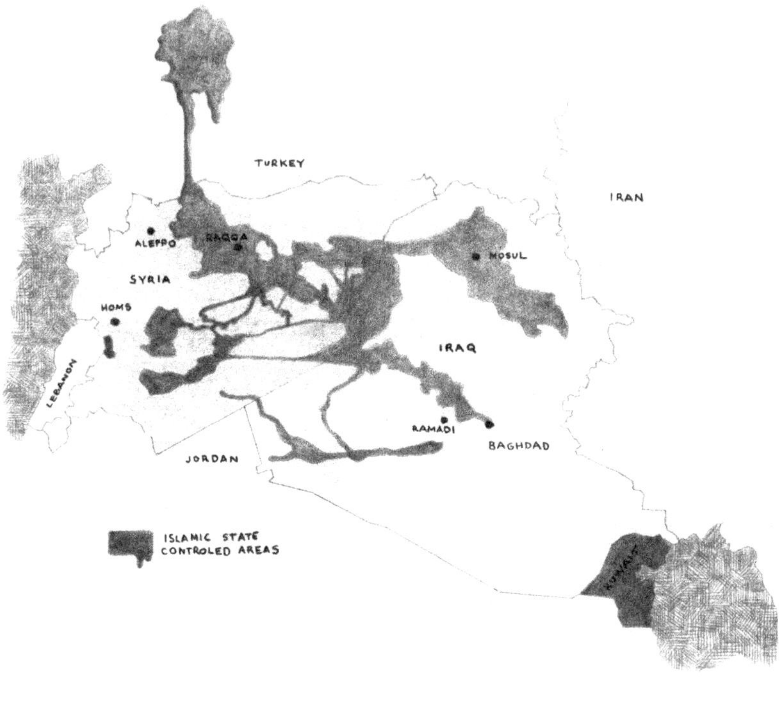
TURKEY
IRAN
ALEPPO
RAQQA
MOSUL
SYRIA
HOMS
IRAQ
LEBANON
RAMADI
BAGHDAD
JORDAN
ISLAMIC STATE
CONTROLED AREAS
KUWAIT

El EIIL no está formalmente reconocido por ninguna otra nación y rechaza todos los tratados nacionales e internacionales por considerarlos blasfemias de infieles. Divide el planeta entre el Dawlat al-Islam, el Estado del Islam, y el Dawlat al-Kufr, el Estado de los Descreídos. Estos últimos no deben esperar piedad. En 2015, el EIIL hizo explotar un avión ruso lleno de turistas y llevó a cabo una serie de tiroteos públicos en París. Sus miembros rezan fervientemente para que los ejércitos infieles contraataquen, puesto que, según las profecías a las que se aferra, el enfrentamiento final entre fieles e infieles precipitará el Día del Juicio. El EIIL es un proyecto apocalíptico, impulsado por la firme creencia en un Fin de los Tiempos que se acerca a toda prisa y por una ausencia absoluta de dudas, introspección o incluso de simple curiosidad. Su terca certidumbre lo convierte en un feroz oponente, pero también constituye la semilla de su vulnerabilidad. Porque el EIIL ha acabado convirtiéndose no solamente en objeto de desprecio, sino también en blanco fácil. La actuación itinerante y sin ataduras de grupos islamistas previos como Al-Qaeda dificultaba la tarea de atacarlos. Tener un territorio fijo, en cambio, con toda la infraestructura de un estado normal, con carreteras, centrales eléctricas y fábricas, hace que el EIIL sea un lugar fácil de perturbar, sobre todo desde el aire. Y sin embargo, su proyecto sigue adelante, en parte gracias al flujo constante de gente que se alista en sus filas. El EIIL se ha convertido en un destino talismán; un lugar al que viajan los fieles verdaderos de todo el mundo, convencidos de que su deber es vivir y morir por una sociedad auténticamente islámica. En 2015 el grupo Soufan de expertos en inteligencia y seguridad calculó que entre 27.000 y 31.000 personas procedentes de 86 países habían viajado a Siria e Irak para «unirse al Estado Islámico y a otros grupos extremistas violentos».

El EIIL necesita reclutar, construir y mantener igual de deprisa que hace estallar, crucifica y decapita. Ha desarrollado un sistema de gobiernos regionales con gobernadores en Irak y en Siria, y cada región tiene sus propios funcionarios a cargo de las prisiones y la seguridad y sus propios objetivos económicos. Hay asesores islamistas y especialistas en religión operando o bien con influencia en prácticamente todo lo que sucede, y la estructura entera la dirige el todopoderoso líder clerical del EIIL, Abu Bakr al-Baghdadi. Se trata de una operación con mucho peso en la cúpula y completamente orientada a destinar recursos y población al uso militar. Sin embargo, el EIIL también tiene un extenso aunque primitivo estado del bienestar, con asistencia sanitaria gratuita y sumas en metálico que se entregan a los pobres que lo merecen. En las partes musulmanas sunitas de Irak, donde ya está muy arraigada la hostilidad hacia Bagdad y hacia la población no sunita, parece que mucha gente prefiere vivir bajo el EIIL a la perspectiva de ser gobernada por Bagdad.

Las ventajas de vivir en el EIIL distan mucho de ser seguras o estables. El significado del lugar ha sido cedido a unos militantes para quienes los lugares pueden ser una de dos cosas: símbolos teológicos o recursos militares. En esa parte del mundo las líneas de los mapas se mueven deprisa: pueden aparecer y desaparecer enclaves y fronteras de la noche a la mañana. Combinadas con la ferocidad de los bandos en guerra, esta fluidez de las fronteras ha provocado que entre la gente de a pie impere la incertidumbre acerca de dónde están las fronteras y de en quiénes deben confiar. Las guerras civiles de la región, que surgen tan constantemente como cabezas de hidra, han producido un mapa de retales que se parece a los mapas premodernos, a los tiempos en que la propiedad de la tierra estaba repartida entre una miríada de reinos, feudos y clanes. La gran diferencia es que, en su mayor parte, el mundo antiguo y premoderno de enclaves y reinos diminutos reflejaba y sostenía los patrones ya existentes de diferencias étnicas y religiosas. Las fronteras iban y venían cada vez que cambiaba la propiedad de la tierra, pero por lo general las religiones, idiomas y culturas no cambiaban de generación en generación. El caleidoscopio roto de los actuales Siria e Irak refleja una realidad mucho más siniestra. El EIIL representa el extremo de un proceso de desarraigo y ruptura que está teniendo lugar por todo Oriente Medio. En toda la región —y ciertamente en muchos países del mundo islámico—, las minorías religiosas y étnicas han huido. Este proceso se ha acelerado y se ha convertido en genocidio en las tierras del EIIL, pero la multifobia, el odio a la diversidad y a la Historia que encontramos en sus lúgubres poblaciones del desierto es la tétrica expresión de una tendencia más general. La huida de las minorías resulta muy visible en Siria y en el Norte de Irak en parte porque antaño esos países albergaron a una de las poblaciones más religiosamente diversas de Oriente Medio, con comunidades muy antiguas de cristianos, yazidíes y otras minorías musulmanas diversas. La importancia del lugar para esos grupos, algunos de los cuales tienen historias más largas que la mayoría musulmana, se ha hecho dolorosamente palpable cuando se han visto forzados a exiliarse. Uno de los ejemplos más tristes llegó en agosto de 2014, cuando los yazidíes huyeron de las fuerzas del EIIL, que los habían tachado de «adoradores del diablo». Unos cuarenta mil de ellos subieron en busca de cobijo al Monte Sinjar, en el nordeste de Irak, lugar sagrado para los yazidíes dado que es en su cima donde creen que el Arca de Noé tocó tierra. Después de varias semanas abandonados a la intemperie, la mayoría consiguió escapar, muchos con la esperanza de unirse a los miles de personas que, como antes hicieron los cristianos, judíos y otras minorías, han huido a Kurdistán, Turquía, Europa o América del Norte, dejando atrás un mundo árabe cada vez más hostil y monoétnico.

El EIIL quiere crear un lugar puro, una utopía islámica libre de complejidades. Contra la corriente del multiculturalismo global, ofrece un regreso a las certidumbres del monoculturalismo. La destrucción con mazos y excavadoras de los antiguos yacimientos, capillas, mezquitas chiitas e iglesias es una respuesta a la amenaza que los líderes del EIIL ven en la diversidad de la Historia. Es un triste recordatorio del hecho de que los extremistas religiosos tienen una relación extrema con los lugares: de que les gusta ver los lugares saneados y obedientes, sin nada en pie que cuestione la totalidad de sus conquistas territoriales y sin nadie que no encaje en su estrecho modelo de ciudadano ideal.

Pero la gente, la Historia y los lugares no son lo único que está destruyendo el EIIL. También está acabando con la reputación del islam. «El islam jamás fue la religión de la paz, es la religión de la guerra», declaró en 2015 el «califa» Abu Bakr al-Baghdadi. Y siguió diciendo: «Nuestro Profeta (que en paz esté) nos ha informado del Malähim (el Armagedón). Nos ha dado buenos augurios y nos ha prometido que obtendremos la victoria en esas batallas». Esa asociación de la violencia con el islam, por supuesto, ha sido amplia y ferozmente disputada. Lo importante, sin embargo, es que el EIIL y otros grupos parecidos han conseguido vincular ambas cosas, y que ahora estamos viendo los resultados. Se trata de una realidad empírica, que además, en un mundo ya harto de violencia, a largo plazo representa una profunda amenaza a la supervivencia del islam y tal vez de todas las religiones.

Oriente Medio está inundado de teorías conspirativas sobre el EIIL. El ministro de Asuntos Exteriores de Líbano se tomó tan en serio estos rumores que convocó al embajador de Estados Unidos para que respondiera a la acusación de que el EIIL era una conjura de Estados Unidos e Israel. Al parecer, la conciencia de que los peores enemigos del islam son los grupos como el EIIL ha llevado a mucha gente a extraer la conclusión de que son Estados Unidos e Israel quienes mueven los hilos del EIIL. Es una idea absurda, por supuesto. Las teorías conspirativas ofrecen una ilusión de poder a la gente despojada de poder. Les permite imaginar que tienen un conocimiento secreto cuando en realidad no tienen ninguno. Los primeros pasos en pos de curar esa tierra devastada solamente se podrán dar cuando reconozcamos que la misión puritana del EIIL no es ni una creación foránea ni una importación del extranjero. Es una criatura salvaje y mutante de la tierra en la que está agazapada, de Oriente Medio y sus tradiciones religiosas.

7

ISLAS FLOTANTES

ISLAS DE PIEDRA PÓMEZ Y BASURA

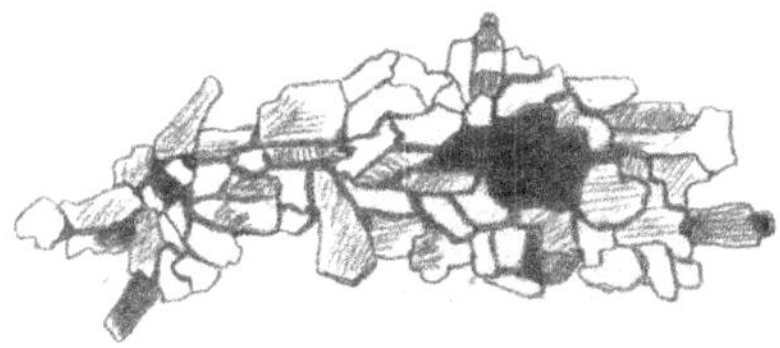

Si los lugares flotantes nos resultan tan atractivos se debe en parte a que es imposible ubicarlos: nos ofrecen la posibilidad de huir del prosaísmo de los lugares asentados y entablar una relación más libre con la tierra. Aunque algunos tienen que permanecer anclados o atrapados en el hielo (la isla de espuma helada de Nipterk), la nueva generación de embarcaciones residenciales nos plantea la idea de que ya existen lugares móviles capaces de combinar los conceptos de hogar y medio de transporte (*The World*). Los lugares flotantes han habitado en nuestra imaginación ya desde Eolia, la isla flotante que visitó Odiseo, cuyo rey gobernaba los cuatro vientos. Cuando Gulliver visitó Laputa, un reino aéreo poblado por geniecillos despistados, y el doctor Dolittle desembarcó en las orillas bamboleantes de la isla hueca de Estrella de Mar, se unieron a una larga tradición de fantasías geográficas. Se trata de una aspiración hecha realidad en esos juegos de ordenador que permiten a los jugadores ir dando brincos de una isleta a otra. Una prueba más, si es que hacía falta, de que para las criaturas ligadas a la tierra como nosotros, los territorios flotantes o sin ataduras resultan intrínsecamente encantadores.

Así pues, no es de extrañar que la noticia de la existencia de islas que van a la deriva por el mar se haya recibido con alegría inocente. La emergencia simultánea de dos modalidades de estas islas parece doblemente placentera, a pesar del extraño contraste entre ellas. La primera es una coagulación de detritos de plástico conocida como el Vórtice de Basura del Pacífico. La otra es un producto natural del vulcanismo que se denomina *balsas de piedra pómez*. Ninguna de ellas es la Eolia o la isla Estrella de Mar de nuestros sueños, y el mismo nombre de Vórtice de Basura ya tiene resonancias siniestras, pero las dos resultan extrañamente intrigantes. Y enseguida surgen las preguntas más inmediatas: ¿se puede caminar sobre ellas?, ¿puede desarrollarse vida en ellas? La respuesta es «sí» en el caso de las balsas de piedra pómez y «seguramente no» en el del remolino de basura.

Una de las mayores balsas de piedra pómez jamás registradas se encontró en 2012. De hecho, llamarla *balsa* no le hace justicia. Avistada por la fuerza aérea de Nueva Zelanda a mil kilómetros de la costa cercana a Auckland, se había expandido veintiséis mil kilómetros cuadrados. Tal como lo describió la prensa australiana, era «casi tan grande como Bélgica». Un oficial naval, el teniente Tim Oscar, dijo que era «lo más extraño» que había visto durante los dieciocho años que llevaba en el mar. De hecho, es bastante habitual avistar versiones más pequeñas de estas balsas, que no existen solamente en el Pacífico, ya que son producto de las erupciones volcánicas submarinas. Los oceanógrafos llevan unos doscientos años registrando sus itinerarios transoceánicos.

Y, sin embargo, casi siempre parecen coger por sorpresa incluso a los marineros y observadores del océano más veteranos. De camino a Fiyi a bordo del yate *Maiken*, el sueco Fredrik Fransson se topó con una en agosto de 2006. Su cuaderno de bitácora describe la escena:

> Vimos una serie de vetas marrones y casi granulares en el agua. Al principio pensamos que tal vez fuera un vertido antiguo de petróleo, de algún barco que había limpiado sus tanques. Al cabo de un rato, sin embargo, las vetas empezaron a aumentar de tamaño y a hacerse más

> frecuentes, y aparecieron flotando en el mar unas cosas marrones con forma de roca y del tamaño de un puño. Además, las aguas empezaron a tomar un tono extrañamente verde, como el de una laguna. Al final vimos cada vez más claro que debía de ser piedra pómez de alguna erupción volcánica. Y entonces nos topamos con un cinturón de varios kilómetros de ancho de piedra pómez densamente apelotonada. Íbamos con el motor porque no había viento y, en cuestión de segundos, el *Maiken* redujo su velocidad de siete nudos a uno. Estábamos tan fascinados y ocupados sacando fotos que nos adentramos unos doscientos metros en aquel campo de piedras flotante tan surrealista, antes de ser conscientes de que teníamos que dar media vuelta.

Fransson explica también que la piedra pómez erosionó todos los bajos de la embarcación. «Era como navegar por un mar de lija.» Sus instantáneas muestran kilómetros de densas formaciones rocosas flotando libremente por el mar. Las fotografías tomadas por científicos marinos indican que la piedra pómez puede amontonarse hasta gran profundidad, y a veces se eleva también un metro o dos por encima de la superficie y forma un paisaje ondulado. Es en esos puntos donde las balsas pueden sostener el peso de una persona, aunque de momento parece que este experimento solamente se ha intentado cerca de la costa.

Las corrientes suelen acabar llevando las balsas a tierra, donde atascan los puertos con los que se topan. En cuanto tocan tierra firme se hace evidente que no son yermas ni mucho menos: hay toda clase de moluscos pegados a los fragmentos de piedra pómez. Una de las nuevas teorías científicas acerca de cómo se propagaron por el mundo las especies vegetales y animales se llama «dispersión rápida a larga distancia por medio de balsas de piedra pómez». Un estudio de la migración y las poblaciones de las balsas vomitadas por la misma erupción submarina con la que se topó el *Maiken* revela que están atiborradas de formas de vida. Erik Klemetti, profesor de geociencias en la Universidad de Denison, registra lo que se descubrió en ellas:

> La piedra pómez se convirtió en el hogar de más de ochenta especies distintas de vida marina en el curso de su trayecto: llegó a haber más

> de doscientos individuos de una sola especie de percebe en un solo clasto de piedra pómez (lo cual quiere decir que la balsa de pómez estaba colonizada por más de diez mil millones de percebes), mientras que otras especies eran móviles, de forma que si la piedra pómez arribaba a una orilla, un cangrejo podía bajar correteando a la isla. Un año y medio después de que la balsa de pómez fuera expulsada por la erupción, había clastos que ya tenían cubiertas tres cuartas partes de su superficie. La situación llegaba al extremo de que aquellos autoestopistas biológicos podían hundir la piedra pómez o hacer que flotara de forma preferente con uno de sus lados orientado hacia arriba, creando diversos microentornos en un solo clasto de pómez.

Klemetti concluye que «estos acontecimientos volcánicos, que han tenido lugar con frecuencia según los recientes registros geológicos de todo el mundo, pueden resultar cruciales para explicar cómo la vida colonizó distintas partes de los océanos».

En los últimos años, las historias sobre balsas de piedra pómez —y sobre todo el blog y las fotografías de Fredrik Fransson— han dado la vuelta al mundo en forma de archivos adjuntos a correos electrónicos del estilo de «¡Mira esto!». A todo el mundo le encantan. El Vórtice de Basura del Pacífico es una imagen que da más miedo pero genera una fascinación parecida. Las estimaciones sobre su tamaño varían mucho, pero la verdad debe de estar en algún punto entre los setecientos mil y los quince millones de kilómetros cuadrados. Como Bélgica parece haberse convertido en el estándar internacional para calcular el tamaño de los objetos flotantes de gran tamaño, también podemos traducir esta cifra a una superficie de entre 22 y 592 veces el tamaño de Bélgica, o bien, por decirlo de otra manera, casi el doble de Australia. También conocido como la Gran Mancha de Basura del Pacífico, el Vórtice no existe como entidad única, sino más bien como sopa o galaxia de basura, la mayor parte de la cual flota justo por debajo de la superficie del agua, aunque a menudo se coagula por encima de ella. En el Vórtice se han avistado balones de fútbol, canoas y bloques de Lego, además de la habitual masa de botellas de plástico y redes de pescar. Tal como reveló Donovan Hohn en su libro *Moby-Duck*, también es la última morada de muchos patitos de goma.

Todo lo que se tira desde los barcos o la corriente arrastra desde las costas del Pacífico y se ve atrapado por la circulación de las aguas oceánicas termina en este cementerio del consumismo. Al igual que con las balsas de piedra pómez, uno de los primeros relatos que tenemos de este nuevo paisaje se debe a un aventurero que navegaba en un yate. En 1997, Charles Moore regresaba a Los Ángeles desde Hawái. Decidió llevar su yate a una zona del océano que los navegantes suelen evitar porque las corrientes son lentas y no hay viento. Para su asombro, se encontró navegando en medio de un mar de porquería. «Cada vez que subía a cubierta, me veía rodeado de basura. ¿Cómo podíamos haber ensuciado una zona tan gigantesca? ¿Cómo pudo aquello prolongarse durante una semana?» El señor Moore, heredero de una fortuna petrolera, se convirtió a raíz de aquello en un importante activista e investigador de los vórtices de basura. A pesar de su magnitud y de sus orígenes humanos, los vórtices siguen siendo bastante desconocidos. Todavía no se ha averiguado cómo se desplazan, de qué manera se organiza la basura en su interior ni adónde va a parar todo su contenido. El oceanógrafo Curtis Ebbesmeyer ha afirmado que el vórtice «se mueve de un lado a otro como si fuera un animal enorme sin correa», y de vez en cuando se encuentra con una costa y deja todas las playas pringadas de plástico. Ebbesmeyer lo explica con un lenguaje adecuadamente grotesco: «La mancha de basura vomita y te encuentras la playa cubierta de una especie de confeti de plástico».

Como todos los océanos tienen corrientes circulares, denominadas *giros*, y ya que en todo el mundo esas corrientes acaban arrastrando la basura, es normal que se estén formando vórtices de basura en muchos océanos. De hecho, el Pacífico tiene dos, ya que también se ha descubierto una Mancha de Basura Oriental frente a las costas de Japón. Asimismo, existe una Mancha de Basura del Atlántico Norte, identificada por primera vez en 1972. En el curso de un año recorre mil seiscientos kilómetros a la deriva. El buque de investigación *Sea Dragon*, que lleva desde 2010 estudiando los vórtices de basura por todo el mundo, le ha hecho contadas fotografías. Las imágenes muestran una masa de detritos flotante sobre un mar agreste.

Pero no podemos terminar la historia aquí. Un arco narrativo que nos lleve desde la Eolia de Homero hasta un gazpacho gris de plástico flotando en medio del frío Atlántico puede satisfacer la afición moderna a la aflicción medioambiental, pero es una narración demasiado pequeña para hacer justicia a nuestra relación de amor con los lugares que flotan, porque aun cuando están hechos de basura siguen resultándonos asombrosos. Se ha despertado un deseo muy antiguo y, como estamos a punto de ver, hoy en día está siendo satisfecho y puesto a prueba a base de fabricar islas flotantes.

LAS MALDIVAS FLOTANTES

Antes se creía que «vivir en el agua era cosa de pobres», explica el arquitecto holandés Koen Olthuis, que trabaja para Dutch Docklands. Sin embargo, a medida que la población crezca y suba el nivel del mar, vamos a tener que replantearnos esta idea. Fundada en 2005, Dutch Docklands ya se ha consolidado como el líder del mercado de la tecnología para islas flotantes. Sus proyectos van desde un hotel de hielo flotante en Noruega hasta el Proverbio Flotante, un grupo de ochenta y nueve islas flotantes proyectadas alrededor de Palm Jebel Ali, Dubái, que deletrearán un poema escrito por el monarca del país, el jeque Mohamed bin Rashid al Maktum: «La sabiduría te la pueden dar los sabios, pero hay que ser un visionario para escribir en el agua».

Pero es en la República de las Maldivas donde Dutch Docklands está labrándose su fama. Ya existe un comercio abundante de las casas flotantes que salpican la «Flor del Océano», una plataforma en forma de flor de mansiones de lujo que, cuando esté acabada, se encontrará a veinte minutos en barco de la capital, Malé. Aquí, los pobres no tienen nada que hacer: la vivienda más barata cuesta 950.000 dólares. «La Flor del Océano es una oportunidad excelente para sacarle un rendimiento magnífico a su inversión», dice la publicidad de Dutch Docklands: sobre todo, cuando empiece a «alquilar su propiedad a través de un operador de hoteles de cinco estrellas».

Y la Flor del Océano no es más que el principio. El gobierno maldivo ha firmado un contrato con Dutch Docklands por el que le alquila a la empresa otras cuatro lagunas del atolón de Malé durante un periodo de cincuenta años. Mediante unas enormes plataformas llenas de espuma y cemento, Dutch Docklands ya tiene planeado construir objetos flotantes de todas las formas y tamaños, entre ellos un campo de golf desplegado en un miniarchipiélago y la Estrella Verde, una isla verde en forma de estrella y con varios niveles verticales que albergará un hotel de lujo en las alturas superiores. Al parecer, la forma de estrella tiene su significado: según Dutch Docklands, «simboliza la innovadora ruta que han emprendido los maldivos para derrotar al cambio climático». Y añaden que la estrella «se convertirá en la ubicación favorita para celebrar convenciones sobre el cambio climático, la gestión del agua y la sostenibilidad. A su lado se construirá una isla restaurante flotante sin igual».

Por fin los superricos podrán ir volando entre sus cada vez más valiosas propiedades flotantes al mismo tiempo que salvan al planeta de la catástrofe medioambiental. Un titular reciente de la revista *Time* se hace eco de esta tendencia: «La tecnología flotante aprovechará la subida de los mares para la creación de inmuebles de lujo». Sin embargo, los ricos no son más que un recurso conveniente, según Olthuis, un joven de pelo largo y rizado y modales infantilmente solemnes que ya ha convencido a mucha gente de que el rol de la gente adinerada es «pagar las innovaciones de los pobres». Olthius quiere nada menos que una reorientación total de nuestros prejuicios acerca del espacio edificable que se encuentra cubierto de agua: «El agua es una superficie operativa para la construcción y si la conviertes en espacio, lo cual es un cambio espectacular de mentalidad, se te abre un mundo nuevo de posibilidades». Para él, la clave es dejar atrás la ciudad estática. Gracias a las plataformas flotantes móviles, las «hidrociudades» del futuro podrán ser igual de flexibles que «las piezas de un rompecabezas». Tal vez una analogía mejor sea la idea que tiene Olthuis de que hay que ver las plataformas acuáticas como «aplicaciones para ciudades», cada una con una función concreta: las habrá de ocio, para hacer deporte, para comer fuera o para que vivan los árboles y la vida animal. Cada una se podrá traer y usar cuando haga falta, creando así un paisaje versátil y ampliable.

Se trata de una visión que dejaría anticuados no solamente los mapas existentes, sino la idea misma de mapa. Si la ciudad se compone de una serie de bloques que en cualquier momento pueden arrastrarse a otra parte, tendremos que replantearnos los artefactos visuales de toda la vida, entre ellos los mapas, que están diseñados como instantáneas de una ciudad estática. Tal vez las nuevas formas de representación geográfica que necesitaremos se parecerán más a los números de las puertas de embarque del aeropuerto, una serie de dígitos y parámetros temporales que se puedan anunciar a toda prisa y olvidar igual de rápido.

Las aldeas flotantes parecen estar llegando a su fase de madurez. La primera se construyó en Okinawa (Japón) en 1975 y se llamaba Aquapolis. Anunciada como el «primer pequeño paso hacia un futuro de posibilidades sin límite», Aquapolis era un pabellón de treinta y dos metros de altura dentro de la Exposición Universal que también estaba diseñado para funcionar como comunidad marítima autocontenida. Veinte años más tarde se remolcó hasta Shanghái y se vendió como chatarra. Sin embargo, Japón ha seguido construyendo estructuras flotantes, y la que más ha durado de momento ha sido Megafloat, una pista de aeropuerto de un kilómetro de largo que había en la bahía de Tokio. En 2011 se construyó otro Megafloat para almacenar agua contaminada de la central nuclear de Fukushima Daiichi. El mayor grupo de edificios flotantes que se ha construido nunca está anclado en el río Han, en Seúl, la capital de Corea del Sur. Se trata de un gigantesco centro de conferencias y actividades que consta de tres islas conectadas. En el otro lado del espectro se encuentra la isla privada de Joyxee, una miniatura construida por el expatriado británico Richard «Rishi» Sowa frente a la costa de Cancún. Está hecha con unas cien mil botellas de plástico y tiene encima una casita.

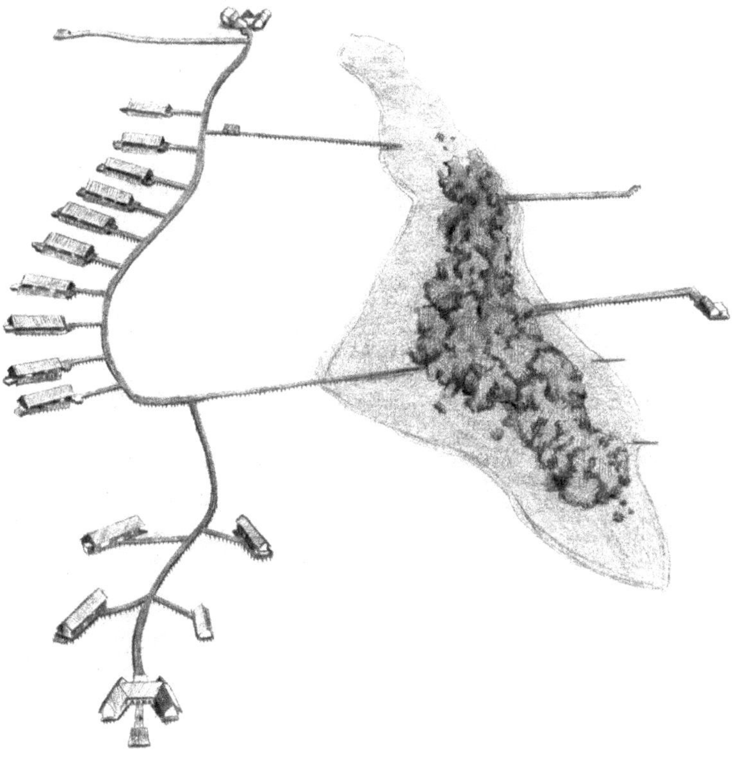

En el caso de la gente de las Maldivas, salta a la vista que hay razones prácticas e inmediatas para construir estructuras flotantes. Ni una sola de las mil doscientas islas del archipiélago de las Maldivas se eleva más de dos metros por encima del nivel del mar, lo cual implica que pronto pueden acabar todas bajo el agua. Resulta extraño, pues, que todos los proyectos de Dutch Docklands consistan en llevar nuevos habitantes en vez de encontrar hogares para quienes ya viven allí. El gobierno de las Maldivas parece considerar a los ricos de la misma manera que Olthuis, aunque sus ideas para usar el dinero que generen son bastante distintas. Hace unos años, el primer ministro reveló un plan para comprar tierras en la India, Sri Lanka y Australia, con la idea de que los ingresos del turismo crearan un «fondo soberano de inversión» que sufragara unas «Nuevas Maldivas» en otras costas. Los turistas se quedarían y los maldivos se marcharían y cobrarían el alquiler. «Nuestras medidas serán un modelo, un manual de instrucciones para otros países del mundo», se jactó el primer ministro. Y, sin embargo, la perspectiva de repoblar su país con millonarios flotantes y pseudoecologistas, mientras los nativos dejaban de ser un pueblo soberano para convertirse en una minoría étnica afincada a miles de kilómetros de sus casas no gozó de gran apoyo.

Una solución más popular es construir islas nuevas para los nativos usando la arena dragada de las lagunas. La primera fase de este proceso ya se ha completado. Mediante métodos probados y fiables se ha construido una nueva isla de gran tamaño llamada Hulhumalé que ya constituye uno de los lugares más elevados, y por lo tanto seguros, de las Maldivas. Cuando se amplíe y se desarrolle, se espera que la nueva isla pueda albergar a un tercio de la población de las Maldivas. Y, sin embargo, el ascenso de Hulhumalé arroja todavía más dudas sobre las afirmaciones de Dutch Docklands de que sus islas flotantes no son solo simples zonas de recreo para gente superrica.

La gente de las Maldivas parece preferir la tierra firme a las islas flotantes. Puede que actualmente las aldeas flotantes del lago Titicaca, en los Andes, así como las que hay en Asia Oriental, sean atracciones turísticas, pero tradicionalmente han servido de hogar a gente que no tenía otras opciones. Ese era ciertamente el caso del refugio Yau Ma Tei en Hong Kong, una comunidad flotante de refugiados a base de botes. Hay ejemplos de mayor magnitud en Sandu'ao, China, que tiene hasta una oficina de correos, un supermercado, una comisaría y un restaurante flotantes, así como en Kampong Fluk, una colección de aldeas colindantes de palafitos que se encuentra en Camboya. En cierto sentido, ambos lugares recuerdan a la «ciudad a base de aplicaciones» de Olthuis, dado que sus partes constituyentes se añaden o se separan a menudo. No obstante, incluso en el entorno relativamente protegido de los lagos, las estructuras flotantes son vulnerables: las casas se inundan, los materiales se deterioran y existe una lucha constante para mantener seca la comida y conseguir agua dulce potable.

Uno de los lugares donde estos dilemas se afrontan con seriedad es Singapur, una pequeña ciudad-Estado con una población en rápido crecimiento, cuyos líderes han empezado a proponer las plataformas flotantes como forma barata de crear más suelo habitable (es decir, más económica que ganar tierras al mar, un proceso laborioso que desde 1959 ha aumentado el tamaño de Singapur en un 23 %). Sin embargo, se trata de unos planes que no tienen nada de utopismo fantasioso, porque, tal como afirma la mayor autoridad mundial sobre esas nuevas plataformas, el profesor Wang Chien Ming, «puede pensarse que una buena estructura tiene que durar un siglo, pero, después de cien años, nadie va a querer vivir en ella». Se trata de un pensamiento aleccionador para quienes se plantean las subida del nivel del mar y la tecnología flotante como ingredientes de un negocio inmobiliario de lujo. ¿Durante cuánto tiempo se podrán vender las casas flotantes como una opción de postín? Resulta que no era casualidad el hecho de que antaño vivir sobre las aguas fuera el destino de los pobres. En muchas partes del mundo, las casas de fantasía del futuro probablemente acabarán siendo las que se construyan en tierra firme, elevada y bien lejos del mar.

LA ISLA DE ESPUMA HELADA NIPTERK P-32

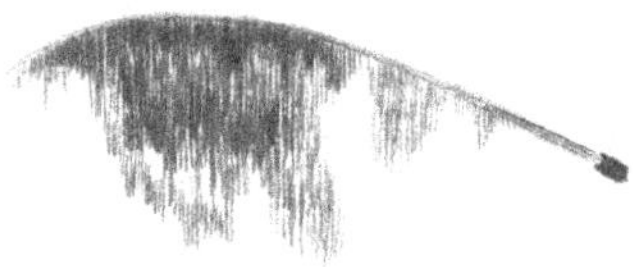

Una de las tecnologías más extraordinarias para construir islas —la isla de espuma helada— podría tener sus días de gloria contados. Casi a la vez que se perfeccionaba, ya empezó a parecer un despojo de tiempos pasados, una parábola para nuestra generación del destino del Ártico, que pronto carecerá de hielo en pleno verano.

En 1989, ExxonMobil construyó Nipterk P-32 en el mar de Beaufort, en Canadá, en la cúspide helada del continente americano, y aunque no era la primera de este tipo de islas, sí que era la más grande y ambiciosa. Se trata de una región que cuenta con enormes reservas de petróleo; el problema es que, hasta hace poco, el mar de Beaufort se pasaba la mayor parte del año cubierto de hielo, con un solo canal diminuto para la navegación en la costa que únicamente se abría entre agosto y septiembre. La creación de islas de espuma de hielo en un clima con temperaturas bajo cero es sencilla: se empieza rociando de agua el aire con mangueras. El agua se congela antes de llegar al suelo y se va acumulando sobre el hielo marino. En aguas poco profundas, después de muchos días de rociar agua sin parar, el peso hace que el hielo marino se hunda hasta el fondo del mar, de forma que no se trata realmente de una isla flotante durante mucho tiempo. Las mangueras siguen soltando agua hasta que se ha formado una isla más o menos redonda y lo bastante elevada por encima del nivel del agua.

Las islas de hielo pueden ser de varios tipos, aunque las más conocidas las fabrica la naturaleza. Cuando los casquetes de hielo, empujados por los glaciares, se desprenden y se adentran en el mar, pueden formar islas flotantes, muchísimo mayores que los icebergs. En el norte de Groenlandia, el glaciar de Petermann ha dado a luz varias islas de hielo enormes durante la última década. Una de las mayores, una isla de ciento veinte kilómetros cuadrados bautizada como isla de hielo de Petermann, se desprendió en 2010 e inició un viaje en zigzag hacia el oeste y el norte, en dirección al Ártico canadiense. Durante una parte del trayecto la acompañó Helen Czerski, de la BBC, que describió el paisaje del glaciar de Petermann en términos muy ingleses, como «una versión en miniatura de los South Downs: los suaves montículos estaban separados por valles, los cuales descendían hasta unas cascadas de agua de deshielo que se precipitaban en el océano».

Las descripciones más precisas de las islas naturales de hielo se remontan a 1955, cuando un grupo de científicos estadounidenses estuvo viviendo sobre una de ellas, que se había desprendido de Groenlandia. De abril a septiembre cartografiaron hasta la última de sus cimas y hondonadas, junto con todos los animales y rocas que viajaban en ella, y su isla siguió el mismo itinerario en zigzag, hacia arriba y hacia el oeste. Corrió la misma suerte que la isla de hielo de Petermann, es decir, acabó hecha pedazos, muchos de los cuales quedaron atrapados y se fusionaron con el páramo de hielo polar.

Mientras que las erráticas islas naturales de hielo se alejan a la deriva y se pierden en el olvido, las artificiales están diseñadas para permanecer quietas. Los ingenieros se interesaron inicialmente por el hielo como material de construcción porque flota. Algunos de los proyectos más ambiciosos fueron los primeros. En los años treinta, un diseñador alemán, el doctor A. Gerke, ideó un plan para construir aeropuertos de hielo flotante en mitad del Atlántico. En octubre de 1932, la revista *Modern Mechanix* informaba de que el doctor Gerke había «levantado una isla de hielo en el lago Zurich por medios artificiales, que perduró seis días después de apagada la maquinaria de refrigeración». Aunque la idea de Gerke no se adoptó en Alemania, al cabo de unos años la desarrolló el científico británico Geoffrey Pyke. A principios de los años cuarenta, Pyke se dedicó a construir un portaaviones experimental a base de una mezcla de hielo y pulpa de madera, que bautizó como *pykrete*. Se llegó a construir un prototipo en el lago Patricia, en Alberta, pero el plan de Pyke también se estancó en las primeras fases. Por desgracia, aunque tanto los planes de Gerke como los de Pyke tenían cierto encanto de inventos de cerebrito, ambos eran muy poco prácticos, ya que los mares de la zona templada son demasiado cálidos para las islas de hielo.

El hielo lleva muchos años usándose como material de construcción de edificaciones temporales. Desde los iglúes hasta los palacios de hielo como el que se construyó en San Petersburgo en 1740, ya hace mucho que se valora como material ligero, fuerte y —si estás en el sitio adecuado— barato. Sin embargo, las islas de hielo no empezaron a atraer inversiones sólidas hasta que a principios de los años setenta se patentaron en Estados Unidos los planos detallados para construir la primera isla de espuma de hielo. Antes de Nipterk P-32 se crearon en los años ochenta la isla de hielo de Marte, la isla de hielo de Angasak y la isla de hielo de Karluk. Estas pioneras demostraron que la tecnología de la espuma de hielo funcionaba y podía suministrar plataformas estables, y Nipterk llevó la tecnología existente a nuevos territorios.

Con un volumen total de ochocientos sesenta mil metros cúbicos, Nipterk casi doblaba el tamaño de la mayor de las islas precedentes. Además estaba situada en alta mar, fuera de la protección de las islas barrera, en una región donde el hielo marino puede desplazarse hasta diez metros al día. Para construirla, los ingenieros tuvieron que esperar al invierno y desplegar carreteras de hielo lo bastante firmes para instalar cuatro bombas de espuma. Se empezó a rociar agua el 28 de noviembre de 1989, con unas temperaturas inferiores a los veinte grados centígrados bajo cero, lo bastante bajas como para que se formara hielo duro en el aire que después se podía prensar con buldóceres. Durante un par de semanas hizo tanto frío que las carreteras de hielo se resquebrajaron. Había otras incógnitas: ¿acaso una isla de aquel tamaño permanecería quieta? ¿O bien se partiría si

hacía demasiado frío? ¿La haría pedazos el hielo marino circundante? Así pues, se supervisaba la estabilidad de la isla día y noche, lo cual permitió a los ingenieros ver lo compacta y prensada que quedaba Nipterk, con un movimiento lateral únicamente de milímetros. Nipterk se terminó de construir en cincuenta y tres días y fue un éxito espectacular, que pronto pudo servir de base a una torre de perforación además de otras estructuras destinadas a viviendas y servicios.

En un periodo de unos quince años se había inventado, desarrollado y puesto a prueba una nueva tecnología para construir islas. Y no fue el único tipo de islas que crearon las compañías petroleras. En el mar de Beaufort, donde se han llevado a cabo algunas de las experiencias más innovadoras, hay una decena aproximada de islas de playas sacrificadas, fabricadas a base de restos de playas almacenados. Hay todavía más islas de grava y varias islas-cajón, que consisten en estructuras de cemento o de acero que se hunden en el mar. Hay incluso islas de espuma y cascotes, que son construcciones híbridas de grava y espuma de hielo. En ninguna otra parte del mundo pueden encontrarse tantas nuevas tecnologías de construcción de islas ni verlas avanzar tan deprisa. Muchas de estas islas son mucho más grandes que Nipterk. La isla de Endicott, situada en aguas de Alaska, abarca unas dieciocho hectáreas y se compone de dos islas de grava, unidas a la costa por una carretera elevada. Pero tirar materiales pesados al mar sale caro. Las islas de espuma de hielo cuestan más o menos la mitad que las de grava; y, además, también resulta barato desmantelarlas. Durante un tiempo pareció que eran el futuro. Hoy en día, sin embargo, más bien parecen víctimas de su propio éxito. A medida que suben las temperaturas del mar, el Ártico está perdiendo su cubierta de hielo y el mar de Beaufort se está volviendo más profundo y tormentoso. Incluso en octubre y noviembre hay grandes zonas del sur del mar de Beaufort sin hielo. Las zonas templadas en las que el doctor Gerke y Geoffrey Puke imaginaron sus islas heladas se desplazan lentamente hacia el norte. A medida que el mundo se calienta, la isla de hielo regresa al reino de la pura especulación.

«THE WORLD»

¿En qué momento una embarcación se hace lo bastante grande para dejar de ser un mero medio de transporte y convertirse en un lugar real? *The World* es un enorme crucero privado que lleva dando vueltas al mundo desde 2002, y para sus habitantes ya se ha convertido en un hogar lejos del hogar. También es una comunidad exclusiva flotante, un enclave de riqueza. Tal vez sea también un bote salvavidas de lujo, lleno de refugiados que huyen del resto de nosotros.

En casa tengo unos cuantos minutos de grabación en Super 8 donde salgo con tres años en la cubierta superior del *SS Chusan*, vestido con una camisa blanca bien planchada, corbata y unos elegantes pantalones de cuadros. Era 1967 y mi familia estaba viajando a Canadá por el canal de Panamá. El *Chusan* fue desguazado en 1973; fue uno de los últimos transatlánticos de la vieja escuela, y durante aproximadamente una década pareció que los viajes por mar iban a ser completamente reemplazados por la aviación. Sin embargo, a la gente le encantan los barcos. Durante los últimos treinta años se han popularizado enormemente los cruceros vacacionales, y a bordo de embarcaciones todavía más opulentas, la mayor de las cuales puede transportar en la actualidad a más de seis mil pasajeros. *The World* no llega a esa magnitud, pero sí tiene aspiraciones únicas. Sus «ciento treinta familias» son dueñas de sus respectivos apartamentos y todas juntas comparten la propiedad del barco. Es posible pasar unas breves vacaciones a bordo, pero el verdadero argumento de venta es que *The World* te permite «viajar por el mundo sin salir de casa». La idea de que *The World* pertenece a sus residentes, quienes tienen también el control, viene reforzada por el hecho de que su itinerario se determina de forma «colectiva».

The World es muy caro. El precio de los apartamentos va de los dos a los siete millones de dólares. Aparte, hay que pagar la tasa anual de mantenimiento, que asciende a un 6 % del coste de cada apartamento, además de los gastos de a bordo. Las identidades de sus propietarios están bien protegidas, aunque sabemos que en el *The World* pasa una parte de su «tiempo libre» la multimillonaria australiana y magnate de la minería Gina Rinehart, hija del hombre que hizo las prospecciones y descubrió amianto en Wittenoom, Australia Occidental.

The World recorre el planeta en todo su esplendor privado y aislado. Es al mismo tiempo la aventura suprema y la comunidad segura por excelencia, y satisface los dos mayores deseos, aparentemente incompatibles, de la gente ultrarrica: una vida lujosa de espaldas al mundo y el disfrute de lo mejor que puede ofrecer la Tierra. *The World* resuelve esta contradicción aparente. Su folleto promete una «vida espontánea. Una vida encantadora e intrigante. Una vida de pasión y aventuras». Se trata de la síntesis y la culminación del arte de ser rico.

Y parece funcionar. Es la «primera vez que he visto a gente privilegiada mostrarse visiblemente feliz», señaló un periodista francés después de una breve estancia a bordo. Como era de esperar, otras reacciones al mismo espectáculo han sido más críticas. *The World* encaja muy bien en el concepto postulado por Robert Frank de «Riquistán», una etiqueta que alude en tono de desaprobación a las travesuras de la gente ultrarrica pero que también apunta a algo más importante: su tendencia cada vez mayor a la segregación geográfica.

Los sociólogos Rowland Atkinson y Sarah Blandy se refieren a *The World* como un caso de «opulencia secesionista». Ellos lo ven como parte de la tendencia a formar enclaves económicos, que van desde cosas tan pequeñas como un Buick todoterreno llamado *Enclave* al aumento del uso de jets privados y a las «mansiones móviles» que está construyendo Boeing. Para muchos, el aislamiento voluntario de los ricos es emblemático de todos los males de nuestra era de miseria pública y riqueza privada. Poco después de levar anclas por primera vez, *The World* ya era criticado por su exclusividad. Una reportera británica infiltrada contaba que «una gran tristeza invade el barco. La atmósfera es funeraria. Se encuentra más ambiente en un centro turístico de playa en plena temporada baja». Los residentes del barco se quejaban amargamente de la chusma que pasaba sus vacaciones a bordo: «¿Cómo te sentirías si hubieras pagado millones por un apartamento y luego una gente que se ha gastado unos centenares de libras tuviera acceso a las mismas instalaciones?». Muchas de estas quejas surgieron durante el breve periodo previo a que los residentes se rebelaran en 2003 y asumieran la plena propiedad del barco.

Puede que el ascenso de «Riquistán» sea un desastre social en ciernes, pero hay que reconocer que *The World* es pionero. Una de las valoraciones más originales proviene de un grupo de visitantes del instituto Seasteading, el grupo de investigación con sede en San Francisco que defiende las ciudades flotantes y que también muestra entusiasmo por Sealand (véase páginas 238-244). Ellos consideran *The World* un precursor y están muy interesados en aprender de sus errores. Su resumen es escueto: «hermoso, inspirador, elegante y despilfarrador». Lo que realmente les llamó la atención fue la cantidad de espacio de a bordo desaprovechado. «La pista de tenis de la cubierta superior tenía al lado charcos y pilas de vituallas. Hay cinco o seis restaurantes, pero como la demanda no es demasiado alta, nunca hay más de dos abiertos». Parece que este caso concreto de «ciudad flotante» habría funcionado mejor a una escala más modesta. Y afirman a continuación que, aunque la baja ocupación de la embarcación no molesta a los residentes, sí que sugiere que cualquier proyecto futuro necesitará ser consciente de que no hay que sucumbir a ese estereotipo de los cruceros de vacaciones de que «mejor cuanto más grande».

De vuelta a la pista de tenis, *The World* es el único barco del mundo que tiene una de dimensiones reglamentarias, lo cual constituye uno de sus argumentos únicos de venta. Sin embargo, se trata de una atracción que subraya la futilidad de intentar convertir barcos en lugares reales. A fin de cuentas, una pista de tenis de dimensiones reglamentarias en tierra firme no es nada del otro mundo. Solo cuando te encuentras en un lugar intrínsecamente pequeño se convierte en un lujo, y eso mismo es válido para muchas otras atracciones del barco. Los restaurantes, el teatro y el spa se vuelven especiales y sofisticados únicamente porque están en medio del mar, pero no es probable que los partidos de tenis sean mejores ni la comida más deliciosa de lo normal. Coger algo que podría ser divertido durante una semana y convertirlo en un estilo de vida parece un error de cálculo. La única otra gente que pasa largos periodos de tiempo en tránsito de un lugar a otro no puede elegirlo: los refugiados, los viajantes y los marineros. La reclusión y a menudo la incomodidad son consecuencias inevitables de la vida «en la carretera». *The World* es un hogar con grandes pretensiones, pero nunca podrá ser uno de verdad.

Parece poco probable que algo que sigue siendo esencialmente un medio de transporte pueda desarrollar alguna vez un sentido de la comunidad. Se puede plantear la objeción de que a la gente rica y dotada de una movilidad extraordinaria no le interesa formar parte de la comunidad, tal como muestra su propensión a erigir muros enormes entre ellos y nosotros y a conducir todoterrenos fortificados. Pero debería interesarles, porque la única alternativa es una existencia sin ataduras y carente de historia o de relaciones auténticas. La excitación de vivir en un barco enorme con lámparas de araña y pistas de tenis es obvia. Sin embargo, esa clase de buques únicamente puede ofrecer simulacros transitorios y dificultosos de cosas que los lugares más ordinarios pueden conseguir sin esfuerzo alguno.

8

LUGARES EFÍMEROS

EL ÁREA DE DESCANSO DE HOG'S BACK

51° 13' 33" N; 0° 40' 25" O

Muchos de los lugares más desapercibidos y anárquicos que ha generado la imaginación geográfica son también los más transitorios. Surgen prácticamente de la nada, carecen de cimientos y a menudo resultan invisibles para los transeúntes. Estos lugares efímeros pueden adoptar la forma de poblados improvisados creados por o para refugiados, o bien para el número cada vez mayor de trabajadores ultraflexibles que requieren las economías modernas (el aparcamiento del aeropuerto internacional de Los Ángeles), pero también pueden ser escenarios felices de escapadas temporales, como por ejemplo un festival (el festival Nowhere), el área de juegos infantil (el callejón de los Stacey) o el área de descanso de Hog's Back.

El área de descanso de Hog's Back es una agradable loma cubierta de hierba que hay cerca de Puttenham, un pueblo del cinturón suburbano de Surrey. En una carta a su hermana del 20 de mayo de 1813, Jane Austen escribió afectuosamente sobre el paisaje que la rodeaba en un día soleado: «Nunca he visto tan favorecido el paisaje de Hog's Back».

En la actualidad, el área de descanso de Hog's Back y sus campos y bosques circundantes son famosos por el cancaneo. Según la página web Let's Go Dogging, «el cancaneo es un fenómeno global que suele consistir en tener relaciones sexuales en aparcamientos, áreas boscosas y similares». Let's Go Dogging le ha otorgado a Hog's Back el título de «segundo destino de cancaneo más popular de Europa». Una página web hermanada, Swinging Heaven, también es muy fan del lugar, y asegura que «lleva más de cincuenta años usándose con fines sexuales». Swinging Heaven lo incluye en una lista junto con otros sesenta y un lugares de cancaneo de Surrey, entre ellos un par de zonas apartadas del Windsor Great Park, un gran bosque propiedad de Su Majestad la Reina.

La palabra inglesa para referirse al cancaneo, *dogging*, deriva de una mentira que se convertiría en un eufemismo habitual. La idea es que tanto hombres como mujeres fingían que «salían a pasear al perro» como tapadera para hacer una escapadita y realizar encuentros sexuales con desconocidos al aire libre o bien dentro de sus coches. Resulta más interesante averiguar por qué hace subir la libido un lugar así, provisto de un aparcamiento más que conveniente pero también de hierba fresca, madera cubierta de musgo y una brisa fresca. La transformación de una serie de paisajes ordinarios en lo que la policía británica denomina *entornos de sexo público* (ESP) implica que la geografía tiene un lado oculto y profundamente morboso.

Fue David Bell quien me introdujo en la relación entre el sexo y la geografía. David es un profesor de la Universidad de Leeds alto, elegante y dotado de un mordaz sentido del humor. En 1994 entregó un artículo académico a la Asociación de Geógrafos Estadounidenses titulado «Fucking Geography» ('Follarse la geografía'). En 2009 retomó el tema en un segundo artículo para otra revista erudita: «Fucking Geography, Again» ('Follarse a la geografía otra vez'). La insistencia del profesor Bell en que hay que follarse la geografía, y no solamente una vez sino hasta que se le salgan los ojos de las órbitas, se ha recibido con muchas risitas nerviosas y fingida indiferencia. Su argumento alude a la necesidad de que la geografía se tome en serio el deseo sexual; en primer lugar, porque da forma a la conducta espacial de la gente, pero también por su capacidad para perturbar el conservadurismo de la propia disciplina. Y, con este propósito, ha estudiado la geografía del cancaneo. Resulta, sin embargo, que su verdadero interés es incorporar el cancaneo a un vocabulario de la resistencia y la subversión. No es el único académico que sigue esta estrategia. Para la doctora Fiona Measham, de la Universidad de Lancaster, el cancaneo es una «evidencia del deseo continuo que tiene cierta gente de asumir riesgos y resistirse a las regulaciones, a la contención y a la mercantilización del placer físico».

Pero la idea de que el sexo en lugares públicos es un acto de resistencia parece algo forzada. Dice más de la desesperación política de los sociólogos que del cancaneo que se produce en sitios como Hog's Back. Un enfoque más prometedor es el que sigue Rowan Pelling, ex editora de la *Erotic Review*. ¿Qué tienen esos «tentadores lechos de musgo»?, se pregunta, antes de llegar a la conclusión de que «el campo es un poderoso afrodisíaco». Se trata de una idea dotada de un bagaje cultural impresionante. Entre las formas más antiguas de literatura están los poemas de los «prados del amor» de la lírica pastoril griega antigua. No es una tradición poética que se limite a incorporar como telón de fondo torrentes desbocados, flores aplastadas y caballos salpicados de sudor. La naturaleza no sirve simplemente de marco para el sexo: *es* el sexo. El controvertido teólogo David McLain Carr ha llevado recientemente el argumento más lejos y ha afirmado que el edén, el primer jardín, era un paisaje erótico: el paraíso entendido como incitación y tentación. Pero la sensualidad de los campos y los bosques es anterior a la religión: es algo atávico, excitante y excesivo. Nos llama a regresar.

Una vecina de Puttenham, la señora Perkins, le describe en tono fatigado a un periodista forastero la escena que se despliega cerca de su casa: «Había dos tíos sentados uno al lado del otro, viendo follar a un hombre y una mujer. Al lado había dos hombres tomando el sol juntos y sin más ropa que unos calzoncillos blancos pequeñitos y ajustados». La señora Perkins se quedó un poco perpleja ante la reacción de la policía local. Cuando ella les entregó un vibrador de color rosa que se había encontrado en la maleza, «me dijeron: "¿qué quiere que hagamos con esto?". "Pues llevarlo a Objetos Perdidos", les contesté yo».

Hay cientos de ESP por todo Reino Unido, pero dudo que eso refleje una inclinación exclusivamente británica a tener relaciones sexuales en público con desconocidos. Más bien indica una inclinación típicamente británica a generar burocracia. Porque el hecho de que un lugar reciba semejante galardón no quiere decir que allí se tolere oficialmente el sexo en público, sino que la policía con «formación en materia de ESP» lo conoce y se dedica a supervisarlo y a disuadir a quienes quieren participar de él. Pero aunque la disuasión es la meta oficial de sus actuaciones, la policía tiene una responsabilidad doble hacia los ESP. Las autoridades son conscientes de la necesidad de no expulsar a quienes frecuentan Hog's Back, especialmente a los homosexuales, a otros puntos de encuentro más reservados y potencialmente peligrosos. Por eso mandan a veces mensajes equívocos. Entre mayo y julio de 2010, la policía de Surrey se gastó 124,93 libras en té, café y galletas como parte de un ejercicio de intermediación con los practicantes del cancaneo en Hog's Back. Sin embargo, los intentos recientes de transformar la zona en menos atractiva para quienes la visitan en busca de sexo —que se centran en la iniciativa planteada por el distrito de convertirla en reserva natural— pueden haber tenido cierto éxito. El miembro del concejo municipal Richard Griggs afirma que ya solamente quedan «un par de reductos de actividad entre la maleza».

Quise averiguar si esas afirmaciones eran ciertas, así que en abril de 2013 fui a comprobarlo por mí mismo. Los tojos de color amarillo intenso estaban en flor, hacía un día luminoso e, igual que Jane Austen, me pareció que nunca había visto Hog's Back «tan favorecido». No tardé mucho en encontrarme montones de condones en el bosque y un número alarmante de guantes quirúrgicos. Además, da la impresión de que los policías del lugar opinan que, les guste o no, ese ESP no tiene visos de desaparecer. Un foro de practicantes del cancaneo ha colgado una serie de comentarios recientes sobre lo amigable que parece la policía local:

> Un amigo y yo volvíamos de un encuentro fallido y habíamos llegado a ese punto en que ya no podíamos aguantarnos las ganas, así que paramos en el arcén cerca del área de descanso de Hog's Back [...]. Estaba oscuro y era tarde, y mientras los coches pasaban zumbando a nuestro lado yo estaba ocupada, ejem, en fin, de pronto veo a un policía iluminándonos con su linterna a través de la ventanilla [...]. Paramos y la

> abrimos con los rostros un poco ruborizados y el agente me preguntó si yo estaba bien y nos recordó que no deberíamos estar haciéndolo allí, ¡y luego nos DIO INDICACIONES para llegar a Hog's Back, que estaba casi dos kilómetros más adelante, en caso de que necesitáramos seguir!

Personalmente, siento el impulso perverso y persistente de seguir buscando el vínculo entre el lugar y el deseo sexual: o, para ser más precisos, de averiguar por qué nos excita tener relaciones sexuales en lugares públicos. Quienes practican el cancaneo en Hog's Back no ayudan demasiado a averiguarlo, puesto que parecen considerar el lugar un simple orgasmatrón al aire libre. Pero sus escuetas y a veces brutales crónicas no me disuadirán, porque es obvio que el aire libre y los bosques bucólicos les producen un placer sensual. Los geógrafos siguen sin parecer dispuestos a reconocer esta poderosa forma de seducción. En una discusión académica que analizaba su propio impacto sobre la disciplina, el profesor Bell concluía con un suspiro de resignación: «La cuestión, por tanto, sigue siendo: ¿se ha follado a la geografía? Me parece que no». Sin embargo, Hog's Back le da la vuelta a esta retórica del morbo: lo importante no es lo que le hacemos nosotros a la geografía; es lo que ella nos hace a nosotros.

EL APARCAMIENTO DEL AEROPUERTO INTERNACIONAL DE LOS ÁNGELES

33° 56′ 14″ N; 118° 22′ 15″ O

Hubo un tiempo en que el transporte y su destinación eran cosas muy distintas, y uno era una simple forma de llegar a la otra. Pero luego sucedió que nos enamoramos de la movilidad, y hoy en día no está claro si el tráfico se encuentra al servicio del lugar o viceversa. La predicción que hizo en 1997 J. G. Ballard de que «el aeropuerto será la verdadera ciudad del siglo XXI» ya se está haciendo realidad. Cada vez es más certero afirmar que las redes de transporte depredan los lugares, un fenómeno cuyo ejemplo clásico son las zonas comerciales de carretera, esos reinos de no-lugares urbanos que satisfacen del todo las demandas del viaje y a la vez están sometidos a ellas.

A medida que nos olvidamos de lo que antaño sabíamos de forma intuitiva, es decir, del sentido de los lugares reales, cada vez nos volvemos más propensos a pensar que la movilidad —el hecho de estar siempre de camino— tiene un valor intrínseco: que ir a los sitios es más importante que estar en ellos. Se puede plantear la objeción de que esta versión geográfica del argumento del «hombre contra la máquina» es una reacción nostálgica por parte de alguien incapaz de seguir el ritmo vertiginoso de la vida moderna. Puede que sea así, pero ahora ese mismo contraargumento tiene también una antigüedad considerable y supone una regresión a los días de gloria de la modernidad. Se ha quedado desfasado respecto al hecho de que, mientras que antaño esas preocupaciones se basaban en la especulación y en la fantasía distópica, ahora solamente hay que mirar por la ventana para ver que están justificadas. Y lo que uno ve cuando mira por la ventana es que, a medida que las rutas y las carreteras crecen, los lugares se atrofian. El aparcamiento E del aeropuerto internacional de los Ángeles, que habitualmente se conoce por sus siglas LAX, lleva un poco más lejos ese paisaje de la ventana. A unos centenares de metros del final de la pista de aterrizaje 25L reside un tipo nuevo de comunidad.

La mayoría de los ocupantes de las autocaravanas que ocupan el extremo oriental del aparcamiento E no viven allí de forma permanente, ni siquiera toda la semana. Forman un asentamiento de trabajadores en tránsito compuesto por pilotos, mecánicos y tripulaciones de cabina, muchos de los cuales cogen vuelos de sus aerolíneas para ir al trabajo y a menudo vuelven para dormir un poco más cuando llegan a su destino. Las regulaciones de seguridad de las líneas aéreas insisten en que las tripulaciones deben llegar bien descansadas al trabajo, pero para los empleados eso no siempre es tan fácil como parece. La mayoría de las líneas aéreas han adoptado un modelo empresarial que obliga a trabajar a sus plantillas por todo Estados Unidos y más allá. El viejo sistema de ofrecer traslados a la gente y pagar la mudanza de sus familias a un nuevo destino ha sido reemplazado por prácticas mucho menos costosas y mucho más solitarias.

La autoridad del aeropuerto reconoció formalmente a esta comunidad, que tiene un límite de cien vehículos, en 2005. Los residentes pagan ciento veinte dólares mensuales por aparcar sus autocaravanas allí, más treinta dólares adicionales por sus coches. Es un lugar barato, aunque no muy alegre. Y el puñado de rosales que han plantado hace poco no consigue ocultar que se trata del último recurso para una industria que ha recortado al máximo los salarios y las condiciones laborales. Un residente del aparcamiento, en una entrevista a *Los Angeles Times*, informaba que en veinte años no le habían subido nunca el sueldo: «Siempre es: "tienes que aceptar un recorte", "tienes que aceptar un recorte", "tienes que aceptar un recorte"». Uno de sus vecinos coincide con él: «La industria está por los suelos. Las cosas no son lo que nos pensábamos que iban a ser».

El artículo del *Times* enojó a los residentes porque daba el nombre de los entrevistados. La mayoría prefiere conservar el anonimato, porque el aparcamiento E no es un lugar del que estén orgullosos. Un piloto le explicó a otro reportero de visita: «Jamás pensé que me vería aquí, pero los recortes salariales nos obligan a ser austeros». Otro vecino se desahoga comprensiblemente: «Muy elegante, ¿verdad? Personalmente, nunca pensé que acabaría en un aparcamiento del LAX». Muchos residentes se aferran a la idea de que en realidad no viven en el aparcamiento E, sino que únicamente lo usan como vestuario con pretensiones. Un piloto con casa en Texas dice que solo es el «sitio al que venir a prepararse para el trabajo». Y, sin embargo, igual que otros muchos, se encuentra geográficamente atrapado, muy lejos del trabajo y también de su casa. Lo que al principio pudo parecer una medida temporal y conveniente se convierte fácilmente en algo en parte o del todo permanente.

Teniendo en cuenta que se trata de gente que ofrece un servicio vital a las líneas aéreas del país, a los empleados que viven en el aparcamiento E se los trata bastante mal. El aeropuerto no les suministra electricidad, gas ni agua. Tienen que apañárselas para conseguir los servicios más básicos. Dependen de paneles solares y pequeños generadores y de las duchas del gimnasio del aeropuerto. Se trata de una existencia espartana, y a sus dificultades se suman el estruendo y las luces de los aviones que les aterrizan prácticamente encima. Hay empleados de líneas aéreas que se deleitan estoicamente en todo el ruido: «Me encanta ver todo lo que llega —dice uno—. No me molesta, me encanta. Me emociona». Tras comentar que los vuelos empiezan a las 6:30 en punto de la mañana, su vecino señala en tono mordaz otra ventaja: «No hace falta despertador». Pero toda la risueña dedicación del mundo no consigue disimular el hecho de que el ruido es casi insoportable. Otros residentes han optado por tapar sus ventanas con cartón y papel de aluminio para amortiguar el ruido, o poner grabaciones de ruidos de fondo en sus autocaravanas, un murmullo de estática que mitiga lo peor del rugido de los aviones.

E

No a todo el mundo le desagrada la idea de vivir en un aeropuerto, y hay quien incluso la defiende. El profesor John Kasarda, de la Universidad de Carolina del Norte, viaja por el mundo ensalzando tanto los placeres como la inevitabilidad de la «aerotrópolis». Para él, el LAX es un centro urbano, ya que considera que la esencia de los lugares modernos es la disponibilidad de vuelos a otros lugares. Hay buenas razones para resistirse a esta reaparición del paisaje ideal corbusiano de máquinas ultraveloces arremolinándose en un espacio geométrico. Los paisajes motorizados creados durante el siglo XX ya nos enseñaron que esta visión no satisface las necesidades humanas, ni tampoco crea lugares reales, lo cual viene a ser lo mismo. Queremos lugares a los que valga la pena viajar, en vez de no-lugares que sean simples productos secundarios de la incesante necesidad de trasladarse. Ante el decurso de la historia moderna, los lugares reales —provistos de historias humanas diversas y complejas y en los cuales la gente es lo primero— han asumido un elemento de rebeldía. Se encuentran enzarzados, o al menos en una situación de conflicto, con un tráfico sobredimensionado pero cuya codicia no cesa. Es una elección complicada. La necesidad de alterar el equilibrio de poder en contra del viaje y a favor de los lugares es obvia.

Y, sin embargo, parece que alguien ha inyectado en el torrente sanguíneo de nuestra cultura cierta sensación de inevitabilidad, de sumisión a la férrea voluntad de algo mayor que todos nosotros. Si no, ¿cómo podemos explicar nuestra disposición a creer esa historia infinitamente reciclada de que «el sector» está «en crisis», y no solamente el de las aerolíneas, sino todos y cada uno de los sectores del mundo de la empresa? Que a menos que cedamos y nos volvamos más flexibles, trabajemos de autónomos y nos mudemos a vehículos de alquiler situados a muchos kilómetros de nuestra casa, pronto no tendremos ni aviones ni coches ni trabajos. En medio del estruendo circundante, uno de los residentes del aparcamiento E explica: «Es una industria en situación de estancamiento total y que tal vez empieza a agonizar. Quizá dentro de diez años, las líneas aéreas ya ni siquiera existan. Así de mal está la cosa». Y es verdad, la cosa está mal. Pero también lo es que estamos tan acostumbrados a los mensajes que nos piden que nos adaptemos a las «crisis» que la exigencia inhumana de vivir como nómadas sin raíces ya se ha vuelto difícil de rebatir. La normalización de la «crisis» ha creado las condiciones idóneas para que la gente renuncie a cosas que le importan, como por ejemplo las relaciones humanas reales y los lugares a los que merece la pena volar. Los no-lugares creados por este movimiento incansable nutren el tráfico y mantienen los motores en marcha. Y, sin embargo, están tan sometidos a la movilidad que también parecen simples tumores parasitarios, aferrados a un anfitrión indiferente.

EL FESTIVAL NOWHERE

41° 41′ 49″ N; 0° 10′ 12″ O

El festival Nowhere se celebra todos los meses de julio en el desierto aragonés de los Monegros. Es una utopía efímera; y aunque hay que comprar una entrada para asistir, una vez dentro, la página web anuncia: «No se puede comprar ni vender nada, salvo hielo durante unas horas determinadas del día, a fin de no sufrir intoxicaciones alimentarias o tener que beber cerveza caliente». El resultado es una economía creativa de la «expresión personal radical» y la «autosuficiencia». Está organizado en torno a un grupo de campamentos donde puede pasar de todo: concursos, ceremonias japonesas del té, dibujo de desnudos eróticos, circos y también montones de música y arte. A sus participantes se los anima a usar tanto como quieran el campamento de disfraces del festival: en palabras del blog oficial: «¡Piensa en él como un gigantesco baúl de disfraces y libera a tu niño interior!».

La idea de los festivales como lugares aparte de todo está cargada de mensajes libertarios y arraiga en la contracultura de los años sesenta. En las dos últimas décadas, esta sensibilidad ha salido de la marginalidad y ha florecido en forma de fenómeno de masas, inaugurando un capítulo nuevo de la historia de los lugares. Para una especie que ama los lugares resulta fascinante ver cómo de repente surgen comunidades de la nada y en medio de ella. Y la emoción se multiplica cuando esos lugares nuevos se cohesionan en torno al apego colectivo a la innovación y la autonomía.

Desde que se fundaron festivales como el Nowhere y su primo californiano más viejo y mucho más grande, el Burning Man, se les han sumado acontecimientos todavía más remotos y extraños, como por ejemplo el festival Traena, que tiene lugar en una isla noruega situada dentro del Círculo Ártico. De hecho, hay músicos y fans que creen que esta isla resulta demasiado accesible, así que se ha creado para ellos una filial del evento principal. Este grupito se desplaza hasta Sanna, una lúgubre roca azotada por el viento, a fin de tocar y escuchar música dentro de una caverna marina.

Los asistentes a festivales le han cogido el gusto al extremismo geográfico, y buscan por encima de todo lugares remotos y espectaculares que entrañan riesgo y son de difícil acceso. Por culpa de las amenazas de los militantes islamistas, el acontecimiento que solía promocionarse como el más remoto del mundo, el Festival au Désert, normalmente ubicado en las inmediaciones de Tombuctú, en Mali, se exilió en 2013 y ha pasado a celebrarse en Burkina Faso. Sin embargo, tiene planeado regresar y, cuando lo haga, no le faltarán asistentes. La distancia es una forma de cribar al público, y consigue que en la mayoría de los casos no haya que compartir actos de expresión personal ni carpas de comida con gente que no se parece a ti. Pero esta es la clase de pulla taimada que puede esperarse de alguien como yo, que admite evitar los festivales y cuyo sarcasmo está afilado por la envidia. En realidad, la creación del Nowhere es una encantadora mezcla de elementos imaginativos y prácticos. Está claro que se ha invertido mucho pensamiento y atención en convertir este pequeño pedazo de desierto en una comunidad feliz. Pero la construcción de lugares exige prestar atención no solamente a las cuestiones generales, sino también a los aspectos prácticos de la vida cotidiana. Resulta irónico que sean estos detalles prosaicos los que acaban agitando y excitando nuestra imaginación: al solucionarlos, demostramos que tenemos lugares

NOWHERE

nuevos a nuestro alcance, que podemos invocar un mundo nuevo en un paisaje vacío.

Lo primero que se construye en el Nowhere es la Werkhaus, una base de operaciones provista de retretes, cocina y sombra. Luego la atención se desplaza al núcleo del festival, el Middle of Nowhere. Desde el primer Nowhere, allá por el 2004, se vio que hacía falta una zona central de encuentros, que entonces se hizo con tubos y material para paracaídas, y se ubicó en un lado del campamento. Este último detalle puede parece insignificante, pero es la causa de que no funcionara: los lugares no solamente necesitan centros, sino también que estos estén ubicados en el corazón de las cosas. Así que, en 2009, el Middle of Nowhere se trasladó al centro físico del festival. La energía y el caos del Nowhere se benefician de la toma meticulosa de decisiones y de unas vías claras de comunicación y autoridad. Sin los individuos que asumen la responsabilidad de hacerse «líderes del Nowhere», el lugar se desordenaría, la gente se dispersaría y la diversión se evaporaría. El Nowhere les da la vuelta a las convenciones de los lugares de masas y las deconstruye, y, sin embargo, se basa en un reparto estricto de las tareas y las responsabilidades para hacer posible una alternativa factible. Cada líder de Nowhere coordina una función distinta y trabaja con otros líderes voluntarios antes, durante y después del festival. Sus funciones son reconfortantemente mundanas: retretes, entradas, red eléctrica, reciclaje, seguridad, equipo médico y otras por el estilo. También hay una infraestructura de comunicaciones, organizada en torno a la oficina de correos del festival y a su diario, el *Nowhere Tribune*.

Gran parte del placer de crear lugares consiste en acertar con esos detalles. En tanto que «respuesta europea al Burning Man», el Nowhere tiene un modelo que puede seguir. Y, sin embargo, la paradoja del Nowhere es que, aunque el producto final es un acto radical de «expresión personal», lo que nutre todo el trabajo duro y las largas jornadas sin cobrar no es únicamente la ambición de ser original o de expresarse, sino el amor innato que profesan los seres humanos a los lugares. Por eso, el hecho de ser capaces de dar forma a un lugar funcional y habitable a partir de la nada, y luego ver cómo se llena de gente feliz y excitada, entusiasma todos los años a suficientes personas para hacerlo posible. El Nowhere parece beneficiarse de la política de «no dejar rastro» que tomó del Burning Man. A primera vista, esto puede resultar extraño, ya que estamos acostumbrados a identificar el arte de construir lugares con las estructuras permanentes. Durante muchas generaciones, nos hemos dedicado a establecer lugares nuevos a base de hundir cimientos en el suelo; a intentar alcanzar la inmortalidad por medio de la solidez y la resistencia al paso del tiempo de nuestros majestuosos diseños. Sin embargo, en las sociedades posindustriales, que ya no tienen fe ni en la monumentalidad arquitectónica ni en su propio futuro, esta pretensión ya no resulta convincente. Y el Nowhere parece darle la vuelta a esto sin apenas esfuerzo. Cuesta no quedar impresionado por la forma en que sus organizadores y participantes son capaces de construir el lugar y a continuación desmontarlo como por arte de magia, dejando un paisaje vacío y prístino. Parece que los lugares no necesitan ser imposiciones de larga duración para resultar importantes o sustanciales. Ciertamente, el auge actual de los festivales sugiere lo contrario: que los lugares capaces de desaparecer a toda prisa tienen algo que se añade a su aura.

No siempre se aprecia la sabiduría de esta ecogeneración. Gran parte de la escena de festivales alternativos en la España actual la sustentan los expatriados británicos que se han sentido expulsados de su país por la legislación antifestivales aprobada en los años noventa. Los llamados «nómadas new age», que viajaban por Reino Unido de festival en festival, acabaron de okupas o marchándose al extranjero, muchos de ellos hacia la calidez y los espacios vacíos del sur de Europa. Desde entonces se han multiplicado los festivales y, lejos de estar mal vistos, hay una gran demanda de gente capaz de organizar y poner en marcha eventos populares. Incluso los festivales militantemente anticomerciales como el Nowhere, con su rechazo explícito a la economía del dinero, se han convertido en productos culturales valiosos. Hemos llegado a apreciar estas pequeñas utopías, no necesariamente por la música o las caras pintadas, sino porque nos recuerdan algo que nunca quisimos olvidar: que construir lugares es divertidísimo.

EL CALLEJÓN DE LOS STACEY

51° 41′ 48″ N; 0° 06′ 57″ E

Los niños crean sus propios lugares en los recovecos del mundo adulto. De niños, mi hermano y yo montábamos guaridas en el callejón de los Stacey, un callejón sin salida al que llamábamos así por la familia que vivía al final. Detrás de su casa había una serie de campos sin desbrozar con arboledas de hayas y abedules donde Paul y yo también construíamos campamentos. Si ves hoy el callejón de los Stacey, no da la impresión de que valiera la pena jugar en él, porque solamente tiene cien metros de largo y está flanqueado a ambos lados por árboles escuálidos que parecen sucios y por matorrales desgreñados. Estos arcenes laterales solamente tienen un metro o dos de profundidad, a veces menos, y al otro lado hay un surtido de cercas altas y marañas de alambre. Es un lugar siniestro en cualquier estación del año, siempre frío y lleno de barro. Sin embargo, cuando éramos pequeños, allí creábamos nuestros escenarios de aventura y evasión. En todo momento teníamos cuatro o cinco lugares secretos, construidos a base de partir ramas y aplanar el terreno lo bastante para que cupiéramos los dos juntos de pie. Tener varios de estos lugares era importante, presumiblemente porque significaba que siempre había trabajo por hacer y algún otro sitio al que marcharse cuando discutíamos. Significaba que podíamos separarnos y reunirnos otra vez, o bien traer información o galletas de casa, que estaba a la vuelta de la esquina, en la calle principal.

A la mínima, los niños crean sus resquicios en los lugares sobrantes del mapa de los adultos. A nosotros no nos interesaban los campos que había más allá, porque lo que queríamos eran escondites que el mundo adulto pasara por alto. Años más tarde, me di cuenta de que mis dos hijos hacían lo mismo. En mi vecindario los espacios favoritos para esas actividades son las matas de rododendros del parque. Si te asomas a la oscuridad de su espesura, siempre verás niñas y niños sucios. También suele haber por lo menos un padre o una madre exasperados dando vueltas alrededor. Porque la maleza no sirve únicamente para construir guaridas, sino también para eludir a los adultos.

En su libro *The Child in the City* ('El niño en la ciudad'), Colin Ward afirma: «Detrás de todas nuestras actividades encaminadas a una meta, de nuestro mundo doméstico, se encuentran esos lugares perdidos ideales que adquirimos en la infancia». A continuación, califica esos lugares perdidos de esquivos y a la vez persistentes: «Se infiltran en nuestra memoria selectiva y autocensurada en forma de mito y de versión idílica de cómo deberían ser las cosas, de paraíso que hay que recuperar». El argumento de Ward sugiere que las guaridas que construyen los niños no solamente tienen sus ecos en la vida adulta, sino que nunca dejamos de buscarlas. Puede que los lugares secretos hayan desaparecido y que casi nunca nos acordemos de ellos, pero nos ofrecieron algo tan importante y un consuelo tan grande que siguen aún con nosotros, y continuamos construyendo simulacros de ellos una y otra vez en nuestras casas y coches: son esas guaridas adultas que creamos para proporcionarnos confort.

Las guaridas de la infancia son nuestros primeros lugares, o al menos los primeros a los que damos forma activamente con nuestra imaginación, los primeros que cuidamos y entendemos. Fue en aquellos refugios tan incómodos en los que yo ayudaba a apisonar las ramas del callejón de los Stacey donde aprendí que los lugares pueden ser más interesantes que la serie de rutinas y líneas de demarcación por las que estaba acostumbrado a que me guiaran. También recuerdo con nitidez que me ofrecían algo más que la simple sensación de seguridad o la diversión de esconderme. Me acuerdo de las conversaciones que teníamos en voz baja, en las cuales se reconstruía una y otra vez el significado de cada guarida: esta es tu base; no, esta es mi base principal; no, esta es la entrada a aquellas dos guaridas, que son los dormitorios. El significado de cada lugar estaba completamente en nuestras manos y nunca dejábamos de moldearlo para que encajara en nuestras fantasías cambiantes.

Construir guaridas es una modalidad particular de juego, que no se lleva a cabo ni con muñecas ni con armas de juguete, sino con lugares. Es una forma de juego particularmente privada y vulnerable. Cualquier presencia adulta o adolescente puede destruirla de inmediato; cualquier rostro acechante puede reducir nuestras guaridas a un aburrido montón de palos. A los adultos nos cuesta recuperar esta estrategia efímera y lúdica de creación de lugares porque, a medida que crecemos, volvemos a acostumbrarnos a la idea de que los lugares tienen un significado fijo sobre el que no tenemos ningún control. Muchos de los demás capítulos de este libro —las micronaciones, los festivales remotos, las comunidades religiosas exclusivamente masculinas— nos impresionan porque nos recuerdan a guaridas secretas. Y, sin embargo, cuando las comparamos con las de los niños, parecen lugares estáticos, eternamente congelados en un único momento de la imaginación.

Pero por la misma época en que Paul y yo estábamos agazapados entre los matorrales con nuestras galletas, ya había adultos preocupados porque cada vez hubiera menos niños a los que se les permitiera disfrutar de experiencias parecidas. En 1960, Paul Goodman ya había descrito la «tecnología oculta, la movilidad familiar, la pérdida del campo y de las tradiciones locales» que según él estaban «devorando» el espacio de juegos y robando «el entorno verdadero». Hoy en día, mucha gente comparte la idea de que los juegos infantiles corren peligro. Escribiendo sobre las ciudades australianas, los investigadores sobre educación Karen Malone y Paul Tranter sugieren que «muchos niños han perdido el acceso a los entornos de juego tradicionales, como por ejemplo las calles y los espacios silvestres». Achacan esto a toda una serie de cortapisas: «el miedo de los padres

a los peligros del tráfico, a los matones de la escuela y al "peligro de los desconocidos"»; también a «la pérdida de los espacios naturales» y a las percepciones ultraprotectoras de «lo que es mejor para los niños». Todas estas preocupaciones de los padres comportan que las calles parezcan lugares de riesgo para los niños, y hasta los parques. Estos pánicos no carecen de fundamento, pero su consecuencia es que el juego se percibe cada vez más como una «experiencia» limitada en el tiempo que debe ser gestionada por expertos. Los espacios de juegos designados por profesionales y «asistentes del juego» están colonizando el territorio, en lo que supone una tarea imposible y paradójica. Por un lado queremos proteger a los niños pero, por el otro, deseamos que revivan nuestras aventuras imaginarias de la infancia. A los profesionales del juego se les pide al mismo tiempo que protejan a los niños de los riesgos y que los arranquen de las garras del ocio basado en pantallas para introducirlos en esos mismos riesgos.

Resulta irónico que las guaridas de muchos niños de hoy se construyan en los ordenadores. Sé que si mis dos hijos vieran las estructuras destartaladas que Paul y yo fabricábamos no se quedarían demasiado impresionados. Hay muchas páginas web que les permiten crear con toda comodidad no solamente sus propias habitaciones o casas, sino incluso paisajes enteros y reinos privados. Todo esto suele tener como fin alojar a un avatar, pero en el fondo es una forma de crear guaridas, de construir lugares imaginarios ocultos en apariencia del fisgón y molesto mundo adulto. Y, sin embargo, a estas madrigueras virtuales les falta algo: no obligan a sus usuarios a reformular su relación con los lugares reales ni a entender el poder que tienen para transformarlos. A fin de cuentas, se trata de creaciones de los adultos: espacios minuciosamente elaborados, con unas reglas muy estrictas y un número limitado de opciones. Si es cierto que nos pasamos la vida adulta intentando reconstruir los lugares cálidos, libres y felices de la fantasía infantil, entonces será interesante averiguar cómo una generación que ha crecido con los Sims podrá reformular nostálgicamente sus recuerdos informatizados del juego geográfico.

CONCLUSIÓN

ELOGIO DE UNA ESPECIE QUE AMA LOS LUGARES

Me he limitado a presentar un simple fragmento de todo un mundo de lugares extraordinarios. Espero que consiga hacernos reflexionar sobre el alcance y el poder de la imaginación geográfica, y que también nos diga algo de nuestra relación con los lugares que nos rodean. Los sitios rebeldes tienen el poder de trastocar nuestras expectativas y devolver su magia a la geografía. También nos obligan a darnos cuenta de que las motivaciones humanas básicas —como son la necesidad de libertad, evasión y creatividad— están ligadas a los lugares. Desde Sandy Island hasta el callejón de Stacey, hemos visto a la gente poner sus esperanzas y miedos en los lugares.

El itinerario que traza el libro —de unos lugares que están perdidos y escondidos a otros que, en su mayor parte, uno se encuentra, y por fin a otros que se han diseñado y elaborado activamente— sigue los pasos del instinto humano de dar forma y crear. Sin embargo, ninguno de estos encuentros nos ofrece tranquilidad ni consuelo. Hemos tenido que hacer frente a algunas de las ubicaciones más extrañas del planeta, pero también a algunas de las más siniestras y difíciles, y hemos descubierto que sus historias son importantes para nosotros; que lo que les pasa a las islas que se hunden, a los desiertos recién nacidos o a los pueblos en las garras de autoridades brutales afecta a todos los demás lugares.

También hemos tenido que afrontar el hecho de que nuestra relación con los lugares está plagada de paradojas. Parece que los lugares ordinarios son también extraordinarios: lo más exótico puede encontrarse al doblar la esquina o en el suelo que pisamos. Otra paradoja espectacular es el hecho de que las fronteras nos atrapan a la vez que nos infunden sensación de libertad. Hay lugares en FUERA DEL MAPA, sobre todo aquellos que he incluido en la categoría de «Tierras de nadie», que parecen haber escapado de la claustrofóbica cuadrícula de las naciones y, por esa razón, nos ofrecen una promesa de libertad. Y, sin embargo, debido a su impredecibilidad, y a veces a su crueldad, esos lugares también nos ayudan a entender por qué a la gente le resultan tan necesarias las fronteras. La paradoja se puede desarrollar todavía más: si seguimos trazando límites no es por una mera cuestión de utilidad. Tal vez sea hora de admitir que estos nos inspiran y nos producen placer. Las naciones secesionistas son el ejemplo más claro, pero también puede encontrarse la misma emoción desde Baarle-Nassau hasta el Monte Athos. Puede sonar frívolo, pero vale la pena decirlo: no solo es muy improbable que lleguemos a tener alguna vez un mundo sin fronteras, sino que tampoco parece una perspectiva agradable.

Otra paradoja que ha surgido de los cuarenta y ocho escenarios de desorientación que he reunido en este libro es la necesidad que tiene la humanidad tanto de moverse como de echar raíces. «Una de las grandes luchas del hombre —nos dice Salman Rushdie en *El suelo bajo sus pies*— es el poderoso conflicto entre la fantasía del Hogar y la fantasía del Lejos, el sueño de las raíces y el espejismo del viaje». Unos cuantos de los lugares que hemos encontrado intentan salvar la distancia entre ambos conceptos: los barcos residenciales como *The World*, que da vueltas al mundo sin parar, o los lugares efímeros como el festival Nowhere, que surgen de repente y desaparecen sin dejar rastro. Pero se trata de un dilema imposible de resolver con facilidad, o del todo. El poder de atracción que tienen la evasión y el espíritu viajero está tan profundamente implantado como su contrario, el deseo de asentarse en un lugar concreto, de conocer y cuidar un lugar que no sea cualquiera. No es un problema que pueda solucionarse a la ligera, sino una situación crónica que hay que afrontar y reconocer.

Debido a que los lugares son parte integral de la identidad humana, también lo son las paradojas geográficas. Las ideas y los apegos más fundamentales de las personas no suceden en cualquier parte ni en ninguna, sino que se elaboran a partir de la relación con los lugares y a través de ella. Puede que este no sea un argumento nuevo, pero todavía nos cuesta hablar de él. O, para ser más exactos, nos cuesta hablar de él con ambición, como algo dotado de contenido y alcance intelectual. Por suerte, hay señales de que estamos iniciando un periodo de reflexión sobre la naturaleza del lugar. Me parece significativo que haya un libro llamado *The Destruction of Memory* ('La destrucción de la memoria'), de Robert Bevan, que trate sobre la destrucción de lugares, y más concretamente de la lista deprimentemente larga de lugares bombardeados o demolidos durante el siglo pasado en nombre de toda clase de ideologías militantes. Autores como Paul Kingsnorth en Reino Unido, Marc Augé en Francia y James Kunstler en Estados Unidos, que han puesto sobre la mesa respectivamente la muerte de los lugares reales, la existencia de los no-lugares y el ascenso de «ninguna parte», participan también en la misma conversación. Y, sin embargo, aunque a las personas a quienes les importan los lugares les sobran los motivos de preocupación, sería una lástima que esta discusión se limitara a una sarta de lamentaciones nostálgicas. Tal como hemos visto, el mundo sigue lleno de lugares inesperados que tienen el poder de deleitarnos y a veces de horrorizarnos, pero que siempre consiguen intrigarnos. Estos lugares rebeldes nos provocan y, por consiguiente, nos obligan a pensar en el rol olvidado pero fundamental que tienen los lugares en nuestras vidas. También nos desafían a que nos veamos como lo que somos, una especie que construye lugares y los ama.

AGRADECIMIENTOS

Muchas gracias a Robin Harvie, de Aurum, y a Courtney Young, de Houghton Mifflin Harcourt, por su ayuda incansable, sus ánimos y sus muchas sugerencias, así como a James Macdonald Lockhart por su fe y su paciencia, y a Rachel, Louis y Aphra por sus numerosas ideas y por escucharme.

BIBLIOGRAFÍA

ACKROYD, Peter (2011), *London Under*, Londres, Chatto and Windus.

ALTERAZIONI VIDEO (2008), «Sicilian Incompletion», *Abitare*, n.º 486, pp. 190-207. Disponible en: http://www.alterazionivideo.com/new_sito_av/projects/incompiuto.php

AUGÉ, Marc (1995), *Non-Places: Introduction to an Anthropology of Supermodernity*, Londres, Verso [Trad. cast.: *Los no-lugares: espacios del anonimato*, Barcelona, Gedisa].

BABCOCK, William (1922), *Legendary Islands of the Atlantic: A Study in Medieval Geography*, Nueva York, American Geographical Society.

BALLARD, J. G (1962), *The Drowned World*, Nueva York, Berkley Publishing [Trad. cast.: *El mundo sumergido*, Barcelona, Vértice-Galaxia, 1964; y Buenos Aires, Minotauro, 1966].

BALLARD, J. G. (1974), *Concrete Island*, Londres, Jonathan Cape [Trad. cast.: *La isla de cemento*, Madrid, Minotauro, 1984].

BEVAN, Robert (2006), *The Destruction of Memory: Architecture at War*, Londres, Reaktion Books.

BOYM, Svetlana (2001), *The Future of Nostalgia*, Nueva York, Basic Books.

BRICK, Greg (2009), *Subterranean Twin Cities*, Minneapolis, University of Minnesota Press.

BRODSKY, Joseph (1987), «A Guide to a Renamed City», en *Less Than One:*

Selected Essays, Londres, Penguin Books [Trad. cast.: *Menos que uno: ensayos escogidos*, Barcelona, Versal, 1987].

CASEY, Edward (1998), *The Fate of Place: A Philosophical History*, Berkeley, University of California Press.

CHOISY, Maryse (1962), *A Month among the Men*, Nueva York, Pyramid Books.

EGREMONT, Max (2011), *Forgotten Land: Journeys among the Ghosts of East Prussia*, Londres, Picador.

FRANK, Robert (2007), *Richistan: A Journey Through the 21st Century Wealth Boom and the Lives of the New Rich*, Londres, Piatkus.

GUEVARA, Ernesto (1961), *Guerrilla Warfare*, Nueva York, MR Press [Ed. cast.: *La guerra de guerrillas*, Tafalla, Txalaparta, 2011].

HILL, Ben (1989), *Blue Murder: Two Thousand Doomed to Die – The Shocking Truth About Wittenoom's Deadly Dust*, South Melbourne, Sun Books.

HOHN, Donovan (2012), *Moby-Duck: The True Story of 28,800 Bath Toys Lost at Sea*, Londres, Union Books.

KASARDA, John y Greg LINDSAY (2011), *Aerotropolis: The Way We'll Live Next*, Londres, Penguin Books.

KINGSNORTH, Paul (2008), *Real England: The Battle Against the Bland*, Londres, Portobello Books.

KUNSTLER, James (1993), *The Geography of Nowhere: The Rise and Decline of America's Man-made Landscape*, Nueva York, Simon and Schuster.

LEE, Pamela (2000), *Object to Be Destroyed: The Work of Gordon Matta-Clark*, Cambridge, MIT Press.

MOORCOCK, Michael (1988), *Mother London*, Londres, Martin Secker and Warburg.

MIÉVILLE, China (2009), *The City and the City*, Londres, Macmillan [Trad. cast.: *La ciudad y la ciudad*, Barcelona, La Factoría de Ideas, 2012].

MYCIO, Mary (2005), *Wormwood Forest: A Natural History of Chernobyl*, Washington, Joseph Henry Press.

NUNN, Patrick (2008), *Vanished Islands and Hidden Continents of the Pacific*, Honolulu, University of Hawai'i Press.

SALADIN (William Stewart Ross) *Hell: Where is it?*, Londres, W. Stewart and Co.

STOMMEL, Henry (1984), *Lost Islands: The Story of Islands that have Vanished from Nautical Charts*, Vancouver, University of British Columbia Press.

TUAN, Yi-Fu (1974), *Topophilia: A Study of Environmental Perception, Attitudes and Values*, Engelwood Cliffs, New Jersey, Prentice-Hall [Trad. cast.: *Topofilia: un estudio sobre percepciones, actitudes y valores medioambientales*, Barcelona, Melusina, 2007].

WARD, Colin (1977), *The Child in the City*, Londres, Architectural Press.